山东省水利工程规范化建设工作指南

（监理分册）

刘彭江　邵明洲　主　编

U0238728

山东大学出版社
SHANDONG UNIVERSITY PRESS
·济南·

内容简介

本书在系统总结当前国家、水利部、山东省水利厅有关水利工程规范化建设工作方面规定和要求的基础上,结合实际情况与工作实践,系统阐述了监理单位在水利工程建设管理过程中的主要工作任务。内容包括总则,监理资质等级和业务范围,监理组织及工作程序、方法和制度,施工准备期和实施期监理工作,专业工程和专项工程监理工作,工程质量评定与验收,缺陷责任期监理工作及附录等。本书可供水利建设、管理及监理者使用,也可供高等院校水利工程类专业师生及相关人员学习参考。

图书在版编目(CIP)数据

山东省水利工程规范化建设工作指南.监理分册/
刘彭江,邵明洲主编.—济南:山东大学出版社,
2022.9
ISBN 978-7-5607-7638-5

Ⅰ.①山… Ⅱ.①刘… ②邵… Ⅲ.①水利工程-工
程项目管理-规范化-山东-指南 Ⅳ.①TV512-62

中国版本图书馆 CIP 数据核字(2022)第 188361 号

责任编辑 祝清亮
文案编辑 任 梦
封面设计 王秋忆

山东省水利工程规范化建设工作指南.监理分册
SHANDONG SHENG SHUILI GONGCHENG GUIFANHUA JIANSHE
GONGZUO ZHINAN. JIANLI FENCE

出版发行	山东大学出版社
社　　址	山东省济南市山大南路 20 号
邮政编码	250100
发行热线	(0531)88363008
经　　销	新华书店
印　　刷	山东和平商务有限公司
规　　格	787 毫米×1092 毫米　1/16 10.25 印张　173 千字
版　　次	2022 年 9 月第 1 版
印　　次	2022 年 9 月第 1 次印刷
定　　价	36.00 元

序

水是生存之本、文明之源,水利事业关乎国民经济和社会健康发展,关乎人民福祉,关乎民族永续发展。"治国必先治水",中华民族的发展史也是一部治水兴水的发展史。

近年来,山东省加大现代水网建设,加强水利工程防汛抗旱体系建设,大力开发利用水资源,水利工程建设投资、规模、建设项目数量逐年提升。"百年大计,质量为本",山东省坚持质量强省战略,始终坚持把质量与安全作为水利工程建设的生命线,加强质量与安全制度体系建设,严把工程建设质量与安全关,全省水利工程建设质量与安全建设水平逐年提升。

保证水利工程建设质量与安全既是水利工程建设的必然要求,也是各参建单位的法定职责。为指导山东省水利工程建设各参建单位的工作,提升水利工程规范化建设水平,山东省水利工程建设质量与安全中心牵头,组织多家单位共同编撰完成了《山东省水利工程规范化建设工作指南》。

该书共有6个分册,其中水发规划设计有限公司编撰完成了项目法人(代建)分册,山东省水利勘测设计院有限公司编撰完成了设计分册,山东大禹水务建设集团有限公司编撰完成了施工分册,山东省水利工程建设监理有限公司编撰完成了监理分册,山东省水利工程试验中心有限公司编撰完成了检测分册,山东省水利工程建设质量与安全中心编撰完成了质量与安全监督分册。

本书在策划和编写过程中得到了水利部有关部门及兄弟省市的专家和同

行的大力支持,提出了很多宝贵意见,在此,谨向有关领导和各水利专家同仁致以诚挚的感谢和崇高的敬意!

因编写任务繁重,成书时间仓促,加之编者水平有限,书中错误之处在所难免,诚请读者批评指正,以便今后进一步修改完善。

编　者

2022 年 7 月

目　录

第1章 总 则

1.1 编制目的

为全面贯彻新发展理念,以标准化推动新阶段水利高质量发展,规范山东省水利工程监理单位在工程建设阶段的监理行为,根据相关法律、法规、规章、规范性文件及技术标准要求,结合当前山东省水利工程建设监理现状,编写本工作指南。

1.2 适用范围

本指南适用于指导山东省水利工程建设实施阶段的监理行为。

1.3 主要编制依据

1.3.1 法律、法规及规章制度

《中华人民共和国安全生产法》(2002 年人民代表大会常务委员会制定,2021 年第三次修正)。

《建设工程质量管理条例》(2000 年中华人民共和国国务院令第 279 号发布,2019 年第二次修订)。

1.3.2 质量安全管理规定

《水利工程质量管理规定》(1997 年水利部令第 7 号发布,2017 年修正)。

《水利部关于印发水利工程建设质量与安全生产监督检查办法（试行）和水利工程合同监督检查办法（试行）两个办法的通知》（水监督〔2019〕139号）。

《水利部办公厅关于印发水利工程运行管理监督检查办法（试行）等5个监督检查办法问题清单（2020年版）的通知》（办监督〔2020〕124号）。

《水利部办公厅关于印发水利建设项目稽察常见问题清单（2021年版）的通知》（办监督〔2021〕195号）。

《水利部关于印发水利安全生产监督管理办法（试行）的通知》（水监督〔2021〕412号）。

《水利部关于印发水利工程建设项目档案管理规定的通知》（水办〔2021〕200号）。

《水利部关于印发〈水利工程设计变更管理暂行办法〉的通知》（水规计〔2020〕283号）。

《水利部关于印发〈水文设施工程验收管理办法〉的通知》（水文〔2022〕135号）。

《水利部办公厅关于印发生产建设项目水土保持问题分类和责任追究标准的通知》（办水保函〔2020〕564号）。

《水利部办公厅关于实施生产建设项目水土保持信用监管"两单"制度的通知》（办水保〔2020〕157号）。

《水利部办公厅关于印发生产建设项目水土保持监督管理办法的通知》（办水保〔2019〕172号）

《山东省水利工程标准化工地建设指南》（2014年12月）。

《山东省水利厅关于印发〈山东省水利工程建设管理办法〉的通知》（鲁水规字〔2021〕6号）。

1.3.3 技术规范、规程及标准

《水利工程建设标准强制性条文（2020年版）》。

《水利工程施工监理规范》（SL 288—2014）。

《水利水电工程施工安全管理导则》（SL 721—2015）。

《水利水电工程施工质量检验与评定规程》（SL 176—2007）。

《水土保持工程施工监理规范》（SL 523—2011）。

《水利水电工程施工重大危险源辨识及评价导则》（DL/T 5274—2012）。

《水利水电工程施工测量规范》（SL 52—2015）。

《水利水电建设工程验收规程》(SL 223—2008)。

《水利水电工程单元工程施工质量验收评定标准》(SL 631～637—2012、SL 638～639—2013)。

《水利工程施工环境保护监理规范》(T00/CWEA 3—2017)。

《水文设施工程施工规程》(SL 649—2014)。

《水文设施工程验收规程》(SL 650—2014)。

《村镇供水工程技术规范》(SL 310—2019)。

《灌溉与排水工程施工质量评定规程》(SL 703—2015)。

《建设项目竣工环境保护验收技术规范 水利水电》(HJ 464—2009)。

《水土保持工程质量评定规程》(SL 336—2006)。

《水利水电工程施工地质勘察规程》(SL 313—2004)。

《水工建筑物岩石地基开挖施工技术规范》(SL 47—2020)。

《建筑地基处理技术规范》(JGJ 79—2012)。

第 2 章　监理资质等级和业务范围

2.1　监理单位资质等级划分

监理单位资质分为水利工程施工监理、水土保持工程施工监理、机电及金属结构设备制造监理和水利工程建设环境保护监理四个专业。其中,水利工程施工监理专业资质、水土保持工程施工监理专业资质分为甲级、乙级和丙级三个等级,机电及金属结构设备制造监理专业资质分为甲级、乙级两个等级,水利工程建设环境保护监理专业资质暂不分级。

2.2　各专业资质等级承担的业务范围

监理单位应按照国务院水行政主管部门批准的资质等级许可的范围承担监理业务,并接受各级水行政主管部门的监督和管理。

2.2.1　水利工程施工监理专业资质

甲级可以承担各等级水利工程的施工监理业务。

乙级可以承担Ⅱ等(堤防 2 级)以下各等级水利工程的施工监理业务。

丙级可以承担Ⅲ等(堤防 3 级)以下各等级水利工程的施工监理业务。

水利工程等级划分标准按照《水利水电工程等级划分及洪水标准》(SL 252—2017)执行。

2.2.2　水土保持工程施工监理专业资质

甲级可以承担各等级水土保持工程的施工监理业务。

乙级可以承担 Ⅱ 等以下各等级水土保持工程的施工监理业务。

丙级可以承担 Ⅲ 等水土保持工程的施工监理业务。

同时具备水利工程施工监理专业资质和乙级以上水土保持工程施工监理专业资质的,方可承担淤地坝中的骨干坝施工监理业务。水土保持工程等级划分标准见《水利工程建设监理单位资质管理办法》附件 2。

2.2.3　机电及金属结构设备制造监理专业资质

甲级可以承担水利工程中的各类型机电及金属结构设备制造监理业务。

乙级可以承担水利工程中的中、小型机电及金属结构设备制造监理业务。

机电及金属结构设备等级划分标准详见《水利工程建设监理单位资质管理办法》附件 3。

2.2.4　水利工程建设环境保护监理专业资质

可以承担各类各等级水利工程建设环境保护监理业务。

第3章 监理组织及工作程序、方法和制度

3.1 监理组织

3.1.1 现场监理组织机构及公章启用函

合同签订后,监理单位应及时组建现场监理机构,并以正式文件形式将监理机构组织形式、监理人员配备情况及公章启用函报送发包人。

3.1.2 监理人员职责

(1)总监理工程师、监理工程师、监理员应按照《水利工程施工监理规范》(SL 288—2014)第 3.3.3、3.3.5、3.3.6、3.3.7 条规定履行监理职责。

(2)总监理工程师可通过书面授权副总监理工程师或监理工程师履行其部分职责,但《水利工程施工监理规范》(SL 288—2014)第 3.3.4 条规定的工作除外。

(3)监理人员守则:水利工程施工监理人员应按有关规定持证上岗,并遵守《水利工程施工监理规范》(SL 288—2014)第 3.3.2 条规定。

3.1.3 项目现场监理机构建设

监理机构进场后应建立健全质量、安全、文明工地创建、档案、环境保护、扬尘治理、防汛指挥等监理部内设机构制度,报送发包人,与相关管理制度一并上墙明示。

3.1.4　监理机构人员配备及岗前培训

（1）监理机构人员配备应与投标文件相符。主要监理人员因特殊原因需更换的,应事先征得发包人书面同意,并符合监理合同相关条款规定。

（2）监理机构进场后,应组织全体监理人员熟悉工程建设有关法律、法规、规章以及技术标准,熟悉工程设计文件、施工合同文件和监理合同文件。通过岗前培训,监理人员应重点了解《水利工程建设质量与安全生产监督检查办法（试行）》《水利工程合同监督检查办法（试行）》《监督检查办法问题清单（2020年版）》《水利建设项目稽察常见问题清单（2021年版）》《水利工程建设标准强制性条文（2020年版）》等实质性内容。

3.2　监理工作程序

3.2.1　基本工作程序

（1）依据监理合同组建监理机构,选派监理人员。

（2）组织监理人员进行岗前培训。

（3）编制监理规划及监理实施细则。

（4）进行监理工作交底。

（5）实施施工监理工作。

（6）整理档案资料并参加工程验收工作。

（7）参与发包人与承包人的工程交接工作并移交档案资料。

（8）按合同约定实施缺陷责任期的监理工作。

（9）提交有关监理档案资料、监理工作报告。

3.2.2　主要监理工作程序

主要监理工作程序包括单元工程（工序）质量控制、质量评定、进度控制、工程款支付、索赔处理等。监理工作程序详见《水利工程施工监理规范》（SL 288—2014）附录C。

3.3 监理工作方法

施工监理过程中，主要工作方法包括（但不限于）现场记录、发布文件、旁站监理、巡视检查、跟踪检测、平行检测、协调，具体内容详见《水利工程施工监理规范》(SL 288—2014)第 4.2 条相关规定。

3.4 监理工作制度

项目监理机构应建立健全各项工作制度，包括（但不限于）技术文件核查、审核和审批制度，原材料、中间产品和工程设备报验制度，工程质量报验制度，工程计量付款签证制度，会议制度，紧急情况报告制度，水利工程建设标准强制性条文符合性审核制度，监理报告制度，工程验收制度，工程质量缺陷管理制度和工程档案收集、整编及归档制度等，具体内容详见《水利工程施工监理规范》(SL 288—2014)第 4.3 条相关规定。

第4章　施工准备期监理工作

4.1　施工准备期监理工作的主要内容

在施工准备期监理机构应做好以下监理工作：

（1）检查发包人提供的施工图纸、测量基准点、施工用地等施工条件是否满足开工要求。

（2）检查承包人质量、安全保证体系及人员、设备、材料等施工准备情况是否满足开工要求。

（3）监理机构应参加、主持或与发包人联合主持召开设计交底、图纸会审会议，由设计单位进行设计文件的技术、安全、强制性条文交底及图纸答疑。

（4）施工图纸须经总监理工程师签发并加盖项目监理部公章，且要注明签发日期。

（5）组织编制监理规划，在约定的期限内报送发包人。

4.2　监理规划编制

总监理工程师应主持监理规划的编制工作。监理规划应在监理大纲的基础上，结合承包人报批的施工组织设计、施工总进度计划进行编制，并报监理单位技术负责人批准后实施。监理规划应根据工程实施情况、工程建设的重大调整或重大变更等对监理工作要求的改变进行修订。监理规划的主要内容有：

（1）总则。

（2）工程质量控制。

（3）工程进度控制。

（4）工程资金控制。

（5）施工安全及文明施工监理。

（6）合同管理的其他工作。

（7）协调。

（8）工程质量评定与验收监理工作。

（9）缺陷责任期监理工作。

（10）信息管理。

（11）监理设施。

（12）监理实施细则编制计划。

（13）其他。

监理规划编写要点详见《水利工程施工监理规范》（SL 288—2014）附录 A。

4.3 监理实施细则编制

依据监理规划和工程进展，结合批准的施工措施计划，及时编制监理实施细则。

负责相应工作的监理工程师应组织相关专业监理人员编制监理实施细则，并报总监理工程师批准。

监理机构应按照专业工程、专业工作、安全及原材料、中间产品、工程设备进场核验和验收要求分类编写监理实施细则。

（1）专业工程监理实施细则的编制应包括下列内容：

①适用范围。

②编制依据。

③专业工程特点。

④专业工程开工条件检查。

⑤现场监理工作内容、程序和控制要点。

⑥检查和检验项目、标准和工作要求。一般包括：巡视检查要点；旁站监理范围（包括部位和工序）、内容、控制要点和记录；检测项目、标准和检测要求，跟踪检测和平行检测的数量和要求。

⑦资料和质量评定工作要求。

⑧采用的表式清单。

（2）专业工作监理实施细则的编制应包括下列内容：

①适用范围。

②编制依据。

③专业工作特点和控制要点。

④监理工作内容、技术要求和程序。

⑤采用的表式清单。

（3）安全监理实施细则的编制应包括下列内容：

①适用范围。

②编制依据。

③施工安全特点。

④安全监理工作内容和控制要点。

⑤安全监理的方法和措施。

⑥安全检查记录和报表格式。

（4）原材料、中间产品、工程设备进场核验和验收监理实施细则的编制应包括下列内容：

①适用范围。

②编制依据。

③检查、检测、验收的特点。

④进场报验程序。

⑤原材料、中间产品检验的内容、技术指标、检验方法与要求。包括原材料、中间产品的进场检验内容和要求，检测项目、标准和检测要求，跟踪检测和平行检测的数量和要求。

⑥工程设备交货验收的内容和要求。

⑦检验资料和报告。

⑧采用的表式清单。

各类监理实施细则的编写要点详见《水利工程施工监理规范》（SL 288—2014）附录 B。

第 5 章　施工实施期监理工作

5.1　开工条件控制

在施工实施期,监理机构应对合同工程、分部工程、单元工程开工及混凝土浇筑开仓等应具备的开工(仓)条件进行控制。具体内容详见《水利工程施工监理规范》(SL 288—2014)第 6.1 条。

5.2　工程质量控制

(1)施工过程中监理机构应按照《水利工程施工监理规范》(SL 288—2014)第 6.2 条关于施工测量、现场工艺试验、旁站、质量检测、跟踪检测、平行检测及原材料、中间产品和工程设备的检验或验收等要求做好质量控制工作。

(2)常见专业工程监理质量控制工作要点详见本书第 6 章。

5.3　工程进度控制

(1)监理机构应要求承包人按照合同约定编制总进度计划,分阶段、分项目施工进度计划,以及年度等施工进度计划,并对其进行审查。

(2)施工过程中,监理机构应对进度计划执行情况进行检查,发现实际施工进度与施工进度计划发生了实质性偏离时,应指示承包人分析进度偏差原因、修订施工进度计划报监理机构审批。

(3)发生暂停施工、进度延误等情况时,按照《水利工程施工监理规范》(SL 288—2014)第 6.3 条有关规定执行。

5.4　工程资金控制

（1）监理机构应审核承包人提交的资金流计划，并协助发包人编制合同工程付款计划。

（2）工程计量及工程量支付条件详见《水利工程施工监理规范》（SL 288—2014）第 6.4.3 条。

（3）涉及预付款支付、工程进度付款、变更款支付、计日工支付、完工付款、质量保证金及价格调整的，应按照《水利工程施工监理规范》（SL 288—2014）第 6.4 条有关规定执行。

5.5　施工安全监理

（1）监理单位应制定所监理项目的安全生产总体目标和年度目标，经本单位主要负责人审批并以文件的形式发布。

（2）监理单位应成立安全生产管理机构，配备专职安全监理人员，并且为现场监理人员配备必要的安全防护用具。

（3）监理单位应按照《水利水电工程施工安全管理导则》（SL 721—2015）第 4.3.2 条要求履行编制安全监理规划、细则等监理职责。

（4）监理单位应定期召开安全监理例会，并形成会议纪要。

（5）监理单位应建立健全以总监理工程师为核心的安全生产责任制，明确各级监理人员的责任范围和考核标准。安全生产责任制应以文件形式印发，并报发包人备案。

（6）开工前，监理单位应组织学习掌握适用的安全生产法律、法规、规章制度，熟悉标准报发包人，并按照《水利水电工程施工安全管理导则》（SL 721—2015）第 5.1.5 条规定建立健全安全生产管理制度。

（7）监理单位应制定安全生产教育培训计划。培训及考核工作按照《水利水电工程施工安全管理导则》（SL 721—2015）第 8.2.5 条执行。

（8）监理机构应按照相关规定核查承包人的安全生产管理机构，核查安全生产管理人员的安全资格证书和特种作业人员的特种作业操作资格证书，并检查安全生产教育培训情况；审查承包人编制的施工组织设计中的安全技术措施、施工现场临时用电方案，以及灾害应急预案、危险性较大的分部工程或单元工程专项施工方案是否符合工程建设标准强制性条文（水利工程部分）及相关规定的要求；监督承包人将列入合同安全施工措施的费用按照合同约定专款专用。

（9）监理机构应定期参与对安全技术交底情况的检查；组织参与危险性较大的单项工程验收；参加超过一定规模的、危险性较大的单项工程专项施工方案审查论证会。

（10）监理机构应与发包人签订安全度汛目标责任书，总监理工程师应参加防洪度汛指挥机构工作。

（11）设施设备安全管理和作业安全管理按照《水利水电工程施工安全管理导则》（SL 721—2015）第9、10条规定执行。

（12）事故隐患排查治理与重大危险源管理。

施工现场重大危险源应参照《水利水电工程施工重大危险源辨识及评价导则》（DL/T 5274—2012）进行辨识评价，并依据《水利工程生产安全重大事故隐患判定标准（试行）》进行重大事故隐患排查。

监理机构应审核承包人制定的重大事故隐患治理方案，报发包人同意后实施制定隐患排查方案，开展安全检查、事故隐患排查工作；对施工现场发现的安全事故隐患及时提出整改要求（下发整改通知单），情况严重时应责令施工单位暂停施工（下发暂停施工指示）。

（13）应急管理。

监理机构应参加发包人组建的项目事故应急处置指挥机构，按照《水利水电工程施工安全管理导则》（SL 721—2015）第13.1.2条履行职责。

监理机构发现存在施工安全隐患或发生安全事故时，应按照《水利工程施工监理规范》（SL 288—2014）第6.5.5、6.5.6条规定处理。

（14）安全生产档案管理。

监理机构安全生产档案应包括：安全生产相关文件、证件和人员信息，安全生产目标管理，安全生产管理机构和职责，安全生产管理制度，安全生产费用管理，安全技术措施和专项施工方案，安全生产教育培训，设施设备安全管理，事故隐患排查治理，重大危险源管理，职业卫生与环境保护，应急管理。具体内容详见《水利水电工程施工安全管理导则》（SL 721—2015）附录 C。

5.6　文明施工监理

监理机构应依据施工合同及有关规定,审核承包人的文明施工组织机构和措施,检查承包人文明施工的执行情况并监督承包人持续完善文明施工管理。

5.7　合同管理

监理机构应按照监理合同的要求履行监理职责,在监理合同的授权范围内监督承包人执行施工合同。

水利工程设计变更分为重大设计变更和一般设计变更。

监理单位不得修改建设工程勘察、设计文件。根据建设过程中出现的问题,监理单位可以提出设计变更建议。发包人对设计变更建议及理由进行评估时,监理单位应参与设计变更的技术、经济论证。

5.7.1　重大变更

重大设计变更是指工程建设过程中,对初步设计批复的有关建设任务和内容进行调整,导致工程任务、规模、工程等级及设计标准发生变化,工程总体布置方案、主要建筑物布置及结构型式、重要机电与金属结构设备、施工组织设计方案等发生重大变化,对工程质量、安全、工期、投资、效益、环境和运行管理等产生重大影响的设计变更。具体分类见《水利工程设计变更管理暂行办法》(水规计〔2020〕283 号)第 2 条。

涉及工程开发任务变化和工程规模、设计标准、总体布局等方面的重大设计变更,发包人应按照规定征得可行性研究报告批复部门的同意。

5.7.2　一般变更

重大设计变更以外的其他设计变更,为一般设计变更,包括并不限于:水利枢纽工程中次要建筑物的布置、结构型式、基础处理方案及施工方案变化;堤防和河道治理工程的局部变化;灌区和引调水工程中支渠(线)及以下工程的局部线路调整、局部基础处理方案变化,次要建筑物的布置、结构型式和施工组织设计变化；一般机电设备及金属结构设备型式变化；附属建设内容变化等。

设计变更文件编制、设计变更的审批与实施、设计变更的监督与管理方面的具体内容详见《水利工程设计变更管理暂行办法》（水规计〔2020〕283号）第3～5条有关规定。

合同管理中涉及的变更、索赔、违约、工程保险、工程分包、化石和文物保护、争议、清场与撤离等其他工作，按照《水利工程施工监理规范》（SL 288—2014）第6.7条有关规定执行。

5.8　信息管理

（1）监理机构应制定信息管理的程序、制度及人员岗位职责。

（2）监理文件、通知与联络、书面文件、监理日志、报告等信息管理的具体内容详见《水利工程施工监理规范》（SL 288—2014）第6.8条。

（3）建立文档清单及编码系统，按照档案分类方案和整编细则做好文件资料立卷和归档管理。

（4）档案资料整理按照《水利工程建设项目档案管理规定》（水办〔2021〕200号）执行。

①项目文件组卷及排列可参照《建设项目档案管理规范》（DA/T 28—2018）执行。

②案卷编目、案卷装订、卷盒、表格规格及制成材料应符合《科学技术档案案卷构成的一般要求》（GB/T 11822—2008）的有关规定。

③数码照片文件整理可参照《数码照片归档与管理规范》（DA/T 50—2014）执行。

④录音录像文件整理可参照《录音录像档案管理规范》（DA/T 78—2019）执行。

（5）档案资料管理应符合下列规定：

①监理机构应要求承包人安排专人负责工程档案资料的管理工作，监督承包人按照有关规定和施工合同约定进行档案资料的预立卷和归档。

②监理机构对承包人提交的归档材料应进行审核，并向发包人提交对工程档案内容与整编质量审核的专题报告。

③监理机构应按有关规定及监理合同约定安排专人负责监理档案资料的管理工作。凡要求立卷归档的资料,应按照规定及时预立卷和归档,并妥善保管。

④在监理服务期满后,监理机构应对要求归档的监理档案资料逐项清点、整编、登记造册,移交发包人。

5.9　组织协调

监理机构的组织协调工作包括项目内部协调和外部协调。项目内部协调是指与发包人、承包人、设计单位、检测单位的协调,项目外部协调是指与质量与安全监督机构、项目水行政主管部门等单位的协调。

监理机构组织协调的方法主要包括会议、交谈、书面、访问、情况介绍等。

第6章　常见专业工程监理工作要点

6.1　施工导(截)流工程

6.1.1　一般要求

(1)审批承包人导(截)流施工方案、工艺性试验方案及试验成果。

(2)应进行原始地貌联合测量及断面收方联合测量。

(3)监督承包人落实导(截)流施工方案、压实试验成果及各项施工措施。

(4)超过一定规模且危险性较大的导(截)流施工方案应组织专家论证。

(5)施工导(截)流工程完成后,应组织各参建单位进行联合验收。

6.1.2　分段围堰法导流

检查承包人按照导流方案落实围堰迎水面、基础及岸坡结合处的各项施工措施的情况。

6.1.3　全段围堰法导流

(1)隧洞导流应严格审查施工方案中断面的大小是否考虑糙率,以及隧洞转弯半径是否符合相关规定。

(2)涵管导流应严格审查施工方案中总的断面大小是否满足过水断面要求,审查涵管上的荷载力能否承受设定的车辆荷载。

(3)明渠导流应严格审查过流断面是否满足导流要求。

6.1.4　立堵法截流

施工方案论证重点:龙口位置的选择、截流水力计算等。

6.1.5　平堵法截流

施工方案论证重点:龙口位置架设、浮桥或栈桥安全性及费用等。

6.2　土石方开挖工程

6.2.1　一般要求

(1)应进行原始地貌联合测量及断面收方联合测量。

(2)检查承包人落实施工方案及安全技术措施和专项施工方案等各项措施的情况。

(3)超过一定规模的危险性较大的基坑开挖及爆破工程,应组织专家论证。施工过程中总监理工程师应定期对专项施工方案实施情况进行巡查。

6.2.2　土方明挖

(1)检查表土清理、不良土质的处理以及地质坑、孔的处理是否符合设计要求。

(2)保护层开挖方式、厚度应符合设计要求。

(3)建基面处理时构筑物软基和土质岸坡开挖面应平顺。软基和土质岸坡与土质构筑物接触时,采用斜面连接,无台阶、急剧变坡及反坡。

(4)基坑断面尺寸、开挖面平整度及工作面应满足设计要求。

6.2.3　岩石岸坡(地基)明挖

(1)施工作业效果不符合设计或施工技术规程、规范要求时,指令承包人及时修订施工措施计划或调整爆破设计,报送监理机构审核批准。

(2)督促承包人随施工作业进展做好施工测量工作。

(3)监理单位应严格控制保护层开挖厚度,确保开挖坡面无松动岩块、悬挂体和尖角,爆破不能损害岩体的完整性。

（4）检验坑洞、地质缺陷的处理是否符合设计要求，地基及岸坡的渗水（含泉眼）已引排或封堵，岩面整洁无积水。

6.2.4 地下岩石洞室开挖

（1）复核施工期间的洞、井轴线是否符合设计要求。

（2）开挖期间应对揭露的各种地质现象进行编录，预测预报可能出现的地质问题，修正围岩工程地质分段分类以改进围岩支护研究方案。

（3）按照确定的施工方法，选择出渣、运输方法及设备，并保证排水、排污畅通和通气良好。

（4）钻孔爆破在主洞开始掘进前15天，承包人应完成钻爆设计并报送监理机构审批。

（5）钻孔爆破在主洞开始掘进前应进行爆破试验，试验方案及结果应报送监理机构审批。

（6）检查承包人是否在洞室开挖过程中实时进行安全监测。当实测位移收敛速度出现急剧增长等情况时应立即停止开挖，采取补救措施。

6.2.5 地下土质洞室开挖

（1）复核施工期间的洞、井轴线是否符合设计要求。

（2）土质洞室的地面、洞室壁面变形监测点埋设应符合设计或有关规范要求。

6.3 土石方填筑工程

6.3.1 一般要求

（1）审批承包人上报的压实试验方案及压实试验成果。

（2）应进行原始地貌联合测量及断面收方联合测量。

（3）关键部位回填料压实应实施旁站监理，监理机构应检查承包人是否按照批复的压实参数实施。

（4）监理机构按规范要求对压实度进行跟踪检测及平行检测。

（5）建筑物周边回填须在混凝土或浆砌石结构的强度达到设计强度70％

以上时进行。

6.3.2　土料填筑

（1）土质建基面及结合面刨毛、岩面和混凝土面处理按照《水利水电工程单元工程施工质量验收评定标准》（SL 631—2012）中表 6.24 执行。

（2）监理机构应对填筑层厚度、含水率等指标进行抽检。

（3）与刚性建筑物接触面的填筑应按规范要求涂刷浓泥浆或黏土水泥砂浆。

6.3.3　砂砾料、堆石料、反滤料填筑

（1）控制碾压遍数、碾压搭接带宽度、孔隙率及平整度等填筑参数。

（2）斜墙和心墙内不允许留有纵向接缝。

6.4　混凝土工程

6.4.1　一般要求

（1）混凝土工程开工前，监理机构审批承包人报送的配合比试验报告。

（2）浇筑前，监理机构应对承包人报送的混凝土开仓报审表进行审批。

（3）混凝土浇筑过程需旁站监理。

（4）混凝土养护应严格执行相关规范要求。

6.4.2　普通混凝土

（1）软基基础面承载力按照设计要求进行复核，岩基基础面在混凝土浇筑前应保持洁净和湿润。

（2）施工缝层间处理应凿毛，基面无乳皮、成毛面、微露粗砂；缝面清理应清洗洁净、无积水、无积渣杂物。

（3）检查模板的材质、尺寸、支撑、缝隙处理是否满足规范要求。

（4）检查固定在模板上的预埋件、预留孔和预留洞是否遗漏，安装尺寸是否符合设计要求。

（5）抽检保护层厚度，检查垫块混凝土配合比，其强度不低于混凝土结构

设计强度。

（6）抽检钢筋型号、间距是否符合设计要求。

（7）旁站监理需抽检混凝土坍落度、含气量（有抗冻防渗要求的混凝土）等指标。

6.4.3 碾压混凝土

（1）开工前，监理机构应审批承包人的碾压试验方案及碾压试验成果。

（2）碾压浇筑时监理人员应旁站，并检查施工单位是否按监理批复的碾压参数实施。

（3）成缝质量验收应符合《水利水电工程单元工程施工质量验收评定标准——混凝土工程》（SL 632—2012）中表 5.5.1 所列要求，否则应做相应处理。

6.4.4 预应力混凝土

（1）检查梁、板等结构的底模板是否按规范设置了预拱度。

（2）监理工程师巡查或检查承包人拆模记录时，应注意其底模及支架应在结构建立预应力后方可拆除。

（3）混凝土浇筑时监理人员应旁站，并检查振捣时预应力筋孔道是否偏移或堵塞。

（4）对于后张法预应力混凝土，应抽检预应力筋孔道位置和间距是否符合设计要求，抽检预应力孔道埋管的管模是否架立牢靠、结构强度是否满足设计要求。

（5）后张法预应力筋张拉前，监理人员应监督落实混凝土强度符合设计要求。

（6）预应力筋安装前，应检验承包人锚具、夹具、连接器的质量是否符合《预应力筋用锚具、夹具和连接器》（GB/T 14370—2015）设计要求。

（7）检查承包人张拉程序、技术指标是否按照施工方案实施，是否符合规范和设计要求。

（8）黏结预应力筋灌浆监理人员应旁站，并监督落实灌浆压力满足规范及设计要求。

6.5 地基及基础处理工程

6.5.1 一般要求

（1）审批承包人工艺试验方案及试验成果。

（2）地基处理设备施工前，应检查设备是否满足施工要求。

（3）审批承包人基础处理实施方案。

（4）施工记录应齐全、准确、清晰。

6.5.2 帷幕灌浆、固结灌浆

（1）灌浆前，应复核承包人施工放样成果。

（2）应严格控制灌浆材料、浆液配比等试验参数。

（3）应检查孔深、孔底偏差、孔序、裂隙冲洗和压水试验等是否符合设计要求。

（4）透水率、岩体波速、静弹性模量、钻孔取芯、槽检等指标不满足规范或设计要求，须增加检查孔。

6.5.3 回填灌浆

（1）检查钻孔或扫孔深度、孔序、孔径是否符合设计要求。

（2）检查灌区封堵密实情况，不允许漏浆。

6.5.4 混凝土防渗墙

（1）工程开工前，应要求承包人进行地质复勘，并审批承包人提交的配合比试验报告。

（2）检查成孔质量及混凝土浇筑质量等是否满足设计及规范要求。

（3）完工后对防渗墙混凝土抗压强度、渗透系数、弹性模量等进行检测。

（4）混凝土浇筑过程应实行旁站监理。

6.5.5 高压喷射灌浆防渗墙

（1）工程开工前，应要求承包人进行先导孔压水试验。

（2）应检查孔位偏差、钻孔深度、喷射管下入深度、喷射方向、提升速度、浆液压力、浆液流量、进浆密度、摆动角度等是否满足工艺试验参数要求。

（3）摆喷灌浆下喷射管前，应进行地面试喷，检查机械及管路运行情况，并调准喷射方向和摆动角度。

6.5.6 水泥土搅拌防渗墙

（1）施工中应检查设备垂直度、钻头直径、泥浆比重、搅拌速度、提升速度等各项指标是否满足工艺试验确定的参数要求。

（2）检查成墙质量及水泥土搅拌质量等是否满足工艺试验参数要求。

（3）输浆量和提升下降速度不协调时，应指令承包人立即采取措施。

（4）现场发现浆液的配合比不符合要求，应更换或调整配合比。

6.5.7 锚喷支护

（1）检查安全监测数据是否齐全。

（2）检查锚杆孔深、抗拔力。

（3）抽检喷层混凝土厚度。

6.5.8 岩体预应力锚固

（1）张拉应力超过预应力筋强度的69％（岩体中）或75％（水工建筑物内）时应指令承包人停止张拉。

（2）张拉过程应实行旁站监理，对锚索进行的补偿张拉次数不能超过两次。

（3）检查已验收锚索，承包人是否及时（12 h内）封孔注浆。

6.5.9 钻孔灌注桩工程

（1）检查成孔质量及混凝土浇筑质量等。

（2）检查混凝土浇筑过程中防止钢筋笼上浮的措施。

（3）检查施工现场是否有良好的排水设施，严防浇筑时地面水流入或渗入孔内。

（4）跟踪检测桩身完整性及承载力是否满足设计要求。

6.5.10　振冲法地基加固工程

（1）监督承包人定期检查电气设备、元器件。

（2）检查施工中加密电流、留振时间和加密段长是否达到设计要求。

6.5.11　强夯法地基加固

（1）检查强夯施工过程中采用的工艺试验参数是否符合设计要求。

（2）强夯后间歇1～4周跟踪检测强夯结果。

6.6　砌体工程

6.6.1　一般要求

（1）审批承包人施工放样成果。

（2）砌体基础隐蔽验收合格后方可允许下道工序施工。

（3）检查砌体材料质量是否满足设计要求。

（4）抽检垫层、反滤层的材料质量及铺设厚度等。

（5）检查表面砌缝宽度是否满足规范要求。

6.6.2　干砌石

（1）每一段砌石应垫稳填实，与周边砌石靠紧，不允许架空。

（2）砌筑应做到：自下而上错缝竖砌，石块紧靠密实，垫塞稳固，大块压边；砌体应咬扣紧密、错缝。

6.6.3　水泥砂浆砌石体

（1）抽检浆砌石尺寸是否符合设计要求。

（2）抽检砌体排水管设置是否满足设计要求。

（3）砌体勾缝前抽检缝槽清理情况，检查砂浆嵌入缝内深度。

（4）伸缩缝（填充材料）应由承包人送检，检测结果报监理机构审批后方可使用。

（5）检查勾缝砂浆养护是否符合设计要求。

6.7 设备制造与安装工程

6.7.1 一般要求

（1）审批设备制造单位提交的设备制造组织设计方案。

（2）设备的规格和性能应符合设计及国家相关标准要求，并应有产品出厂合格证。

（3）设备安装前应对施工测量控制网布设进行复核。

（4）组织有关单位进行设备出厂、进场验收及试验。

（5）审批承包人编制的安装施工措施计划。

（6）设备安装完成后，组织开展设备各项试验和检查工作。

6.7.2 管道制造和安装工程

（1）工程所用的管材、管件、构（配）件和主要原材料等产品进入施工现场时必须进行进场验收并妥善保管。

（2）检查管节堆放选用场地；管节堆放时应垫稳，防止滚动，且堆放层高应符合产品技术标准或生产厂家的要求。

（3）若管沟开挖遇有积水或地下水，应指令承包人及时进行排水，垫层施工前或下管前应采取处理措施。

（4）不同材质的管材安装应符合相应规范及设计要求。

（5）下管前应复核管节高程及中心线。

（6）管道安装应符合《管道输水灌溉工程技术规范》（GB/T 20203—2017）的要求。

（7）对焊接工艺试验进行旁站监理，设备防腐前应对焊接质量进行跟踪检测。

（8）管道安装完成后应按规范要求进行管道功能性试验。

（9）预（自）应力混凝土管不得截断使用。

6.7.3 金属结构制造和安装工程

（1）监理单位依据合同约定开展监理工作，并编写监理实施细则。

（2）制造单位按施工图纸规定的焊缝质量等级，对焊缝进行外观检查和无损探伤检验;监理单位应跟踪检测。

（3）只有经过整体组装检查合格,并得到监理工程师认可的结构件,才能开始进行表面防腐工作。

（4）根据进度及时报请监理机构组织第三方检测单位对喷层涂层厚度等项目进行检测。

（5）闸门、启闭机安装前,承包人应根据其结构特点及质量要求编制焊接工艺规程报送监理机构审核。

（6）埋件安装前,门槽中的模板等杂物必须清除干净。一、二期砼的结合面应全部凿毛,并应通过监理机构确认。

（7）平面闸门应进行静平衡试验,试验方案及结果应报监理机构审批。

6.7.4　机电设备制造和安装工程

（1）所有外购件均应附出厂合格证明并报驻场监理机构审批。

（2）复核启闭机机架的横向中心线与实际起吊中心线的距离。

（3）启闭机试安装完成后应组织试运行。

（4）低压开关柜应按照相关标准的要求进行出厂试验,由供货方提供试验数据。

（5）安装完成后监理机构应组织检测所有机电设备的接地电阻。

6.8　水文设施工程

水文设施工程按项目属性分为水文基础设施、技术装备、业务应用与服务系统三类。

水文设施工程自身特点:工程点多面广,建设地点分散、分布较广;单项工程量小,投资规模小;资源少,专业性较强;工程专业技术水平高、涵盖专业多;施工环境较差,外界干扰较多。

监理控制一般要点如下:

（1）保留好施工过程中的重要隐蔽、关键部位等原始照片。

（2）严格按照监理程序做好设备进场报验、开箱验收工作。

（3）根据测验规范做好设备安装、调试、验收工作。

（4）完工后,检查避雷设施是否与设计一致并符合技术规范的要求。

6.9 灌溉与排水工程

作为农业基础设施的重要组成部分,灌溉与排水工程的主要建设内容包括:渠(沟)道开挖工程、管道安装工程、渠道衬砌工程、渠系建筑物、雨水集蓄工程、泵房、阀门井、检查井、田间道路、机井、微灌工程等。

灌溉与排水工程特点:灌溉与排水工程项目形式多样,种类较多,工程规模相差很大,沟渠到建筑物比较分散,田间管道工程数量较大等。

监理控制一般要点如下:

(1)保留好施工过程中的重要隐蔽、关键部位等原始照片。

(2)严格按照监理程序做好管材设备等进场验收工作。

(3)根据技术要求做好管道等安装打压验收工作。

(4)完工后,及时、准确地画出管道位置等竣工图。

6.10 农村饮水安全工程

农村饮水安全工程是指农村居民能够及时、方便地获得足量、洁净、负担得起的生活饮用水工程。农村饮水安全包括水质、水量、用水方便程度和供水保证率4项评价指标。其主要建设内容包括:水源及取水构筑物、泵站工程、输配水管网工程、调节构筑物工程、净水工艺工程、水厂、自动化监控与信息管理系统。

农村饮水安全工程特点:对水质、水量、水压等安全运行条件和卫生要求高。

监理控制一般要点如下:

(1)保留好施工过程中的重要隐蔽、关键部位等原始照片。

(2)严格按照监理程序做好管材设备等进场验收工作。

(3)根据技术要求做好管道等安装打压验收工作。

(4)试运行前,应按设计负荷对加药、水处理、消毒等净水系统进行联合调试,当水处理和消毒等运行控制指标连续检验均合格后可进入试运行期。

(5)做好完工后的竣工图工作。

第7章 主要专业工作监理工作要点

专业工作主要是指测量、地质、试验、检测（跟踪检测和平行检测）、施工图纸核查与签发、工程验收、计量支付、信息管理等工作。鉴于其他章节已对相关专业工作进行了详细论述，本章仅对测量、施工地质、试验、检测（跟踪检测和平行检测）、施工图纸核查与签发等进行介绍。

7.1 测量

7.1.1 监理工作内容

（1）参加测量交接桩工作，并协助办理交接桩手续。

（2）审查承包人提交的施工测量方案，检查承包人提供的仪器设备和人员，批准承包人进行现场测量。

（3）督促承包人定期将测量仪器送到具备资质的国家计量监督机构检定。

（4）监督承包人建立施工测量控制网。

（5）确认测量原始记录，复核测量及计算成果。

7.1.2 技术要求

7.1.2.1 控制测量

（1）基本要求

①工程的首级控制点一般由发包人向承包人提供。承包人要对上述控制点成果进行复核，并将复核结果以书面形式向监理机构报告，如有异议，由监理机构转报发包人进行核实，经检查确认无误后，以书面形式通知承包人才能启用该成果。

②承包人应根据施工需要加密控制点,并应在施测前七天将作业方案报监理机构审批,施测结束后,将外业记录、控制点成果及精度分析资料报监理机构审核。该成果必须经监理机构批准后才能正式启用。

③承包人应负责保护并经常检查已接收的和自行建立的控制点,一旦发现有位移或破坏,及时报告监理工程师,在监理工程师及发包人指示下采取必要的措施予以保护或重建。若施工需要拆除个别控制点,承包人应提出申请,报监理机构和发包人批准。

(2)施工平面控制测量技术要求

①平面控制测量系统应尽量布设闭合导线或附合导线,通视条件不好、难以形成闭合环的,可布设成复测支导线。导线测量的精度应满足施工需要。

②导线点应设在通视良好、地基稳固、易于保存的地方,最好埋置混凝土桩,并有点位中心标志和科学编号。

③导线点间距以 200～300 m 为宜。当承包人不拥有测距仪或全站仪时,导线点间距不应大于 100 m。

④一般情况下,导线闭合差可采用简易平差方法处理。

(3)施工高程控制测量技术要求

①施工高程控制点应按四等水准测量精度要求,以直接水准测量方法测定。

②水准测量线路应布设成闭合环,或附合水准路线。

③水准点位应设在地基牢固和易于保存的地方。能利用导线点同时作为水准点的,应尽量利用导线点,以方便使用。

④高程控制网平差可采用简易平差方法处理。

(4)施工平面控制和高程控制测量

施工平面控制和高程控制测量成果,须报监理机构审查,经监理机构批准后方可使用。

承包人应做好所有测量控制点防护工作。如发现控制点遭受破坏,应立即以书面形式向监理机构报告,并根据施工需要,按测量监理工程师认可的方案局部恢复或整体重建。恢复或重建的控制测量成果同样须报监理机构批准。

7.1.2.2 施工放样

(1)基本要求:

①承包人对各工程部位的施工放样,应严格按照合同文件及施工测量规

范执行,确保放样精度满足设计要求。

②关键部位的放样措施必须报监理机构审批。如基础开挖开口线、主要建筑物轴线、重要预埋件位置、金属结构安装轴线点、混凝土工程基础轮廓点等放样,监理机构将进行内、外业检查和复核。

③每块混凝土浇筑前,必须进行模板的形体尺寸检查,并将校模资料整理上报监理机构审查。

(2)技术要求:

①工程施工放样工作必须以监理机构批准的控制点为基准。凡不是以监理机构批准的控制点为基准所进行的测量工作及其成果资料,均视为无效。

②放样前,对已有数据、资料和施工图中的几何尺寸,必须检核。严禁凭口头通知或无签字的草图放样。

③发现控制点有位移迹象时,应进行复核,其精度应不低于测设时的精度。

④闸、泵站底板上部立模的点位放样,宜以轴线控制点直接测放出底板中心线(垂直水流方向)和涵闸、泵站中心线(顺水流方向),其中误差要求不超过2 mm;然后用钢尺直接丈量弹出闸墩等平面立模线和检查控制线,据此进行上部施工。

⑤供混凝土立模使用的高程点、混凝土抹面、金属结构预埋及混凝土预制构件安装时,均应采用有闭合条件的几何水准法测设。

⑥每个工程的放样测量数据,须报监理工程师审查、认证。

7.1.2.3　原始地形及断面测量

(1)在土石方工程开挖(或回填)以前,承包人应以书面形式通知监理工程师和发包人同时参加并进行原始地形及断面测量工作。原始断面布设应满足规范精度要求,根据施测现场实际情况,断面间距在5～20 m范围内选择。断面点间距一般为3～10 m。地形变化时应加密断面点,以正确反映地形变化。

(2)土方开挖结束后,承包人应及时通知监理工程师和发包人设计施测土方与石方的分界线。

(3)承包人须将测量原始资料和原始断面图报送监理机构审核确认。若监理机构审核发现问题,可要求承包人重新检查或复测,承包人不得拒绝。

(4)经监理机构审核确认的原始断面图,作为核算工程量的依据。

7.1.2.4　工程计量测量

（1）承包人收方断面的布设，必须与原始测量断面一致。当开挖地形变化较大时，要加密测点测量。

（2）对于超挖部分，在测量断面上要精确反映出来，其测点数视超挖范围而定。

（3）收方断面面积的计算，采用解析法或图解法均可。但月/季收方时断面面积计算，应以一种方法为主，另一种方法用来校核，允许误差应在合同、规范要求范围内。主体工程应采用计算机计算工程量。报送的计算成果，需要有施工方的计算人、检查人和校核人签名。

（4）各种工程量的测量报告必须包括原始状态图和施工后状态图。施工前后测量的控制网和控制断面必须是相同的。

（5）上报的测量数据必须包括必要的、明确的计算公式和结果。图、式要对应。

（6）各种计量测量的结果与"工程计量报验单"必须同时上报监理机构。监理工程师对承包人送交的计量成果进行全面检查，并把"旁站"或复测成果放在承包人施测的断面上进行校核。监理机构在审核无误后方可签字确认。

（7）监理机构对承包人报送的成果提出异议时，承包人应及时提供有关材料并加以说明。若问题不能在审核限期内解决，涉及该部分工程量可在下期计量时再次上报，监理机构应重新审核。

（8）因承包人报送资料不全或不符合要求导致工程量计量复核延误，造成的损失由承包人承担。

7.1.2.5　施工期变形监测

（1）为了保证工程的施工安全，在工程施工期间承包人应对部分关键部位进行施工期变形监测。

（2）施工期变形监测的重点是对基坑、高边坡稳定性进行监测，根据设计单位提供的变形网布网方案，承包人应做好工作基点的选埋工作，所有观测点、沉降点均必须与变形体牢固结合，工作基点必须满足稳定性要求。

（3）承包人应上报变形监测技术方案，经监理工程师审核、批准后方可实施。

（4）监理工程师应认真审查、复核变形观测初始值，必要时进行联合观测。

（5）承包人应及时汇总、整理变形观测资料，并上报给监理工程师，遇到异常情况应及时上报。

7.1.2.6　机电及消防测量

（1）根据机电及消防安装施工实际情况，进行旁站监理或独立抽查复测，并对全部观测数据进行复核计算。

（2）测量监理工作内容：测设安装轴线与高程基准点、安装点放样、安装竣工及检查测量。

（3）承包人的放样、验收或检查复核资料须经监理机构签字确认，并将其整理归档。

7.1.2.7　工程竣工测量

（1）单项工程完工后，承包人应向监理机构报送下列资料：

①实测竣工地形图，比例尺在 1∶1000～1∶100 范围内酌情选定。

②按规范要求实测竣工纵横断面图。

③测量技术总结报告。

④监理机构根据施工合同文件要求报送的其他资料。

（2）工程竣工测量的精度，应不低于工程施工放样测量的精度。

（3）在建筑物施工或设备安装完成后移交前，承包人应在监理工程师的见证下对建筑物的外形轮廓尺寸或设备安装的实际位置进行测量，并计算其与设计文件的偏差，这将作为竣工验收和质量评定的依据。

（4）工程竣工测量图纸、资料必须报监理工程师审查、认证。

7.2　施工地质

7.2.1　监理工作内容

（1）在所监理项目基础处理的全过程，对地质工作的组织、计划、过程和成果各个环节进行控制。

（2）全面收集、熟悉并了解本工程前期各阶段的地质勘探、试验研究及各项专题研究的工程地质资料。了解本工程水文地质、工程地质状况特点或异常情况，全面负责工程施工地质监理工作。

（3）组织设计、地质勘测单位向承包人进行技术交底。

（4）审核承包人地质机构及地质人员从业资格，审查施工地质工作计划和不良地质条件下的施工防范措施。

（5）与地质勘测单位深入施工现场检查承包人对施工地质计划的实施情况，在基础开挖施工过程中应了解现场地质的变化情况，及时掌握在施工过程中遇到的各种地质问题，结合原有地质资料进行分析和判断，对可能产生的风险进行预测，协助并监督承包人及时采取必要的控制措施。

（6）对各种重要的不良地质现象，监理工程师应及时会同发包人、设计单位、地质勘测单位共同研究处理方案，必要时向发包人和设计单位提出补充勘察的建议。

（7）协调设计单位、地质勘测单位与承包人之间的工作关系以及与工程地质有关的争议问题。

（8）负责工程支付中关于岩土分类、岩体质量分级的确认。对非承包人原因引起的超挖进行地质认证。

（9）负责组织发包人、设计单位和施工承建单位，对开挖基础工程进行质量检查、质量评定和基础验收工作。

（10）对施工地质监理日记和现场施工情况做好记录，对工程重点部位的建基面和主要地质构造现象应拍照和录像，并做好详细说明。

（11）整理地质技术资料与竣工资料，并做好归档工作。

（12）督促承包人做好以下工作：

①综合分析并整理施工开挖过程中揭示出的地质现象。

②检验施工开挖过程中设计方案和施工措施的合理性。

③检验及修正前期的地质勘察成果。

④预测预报不良地质现象。

⑤参加地基、工程边坡的地质评价与验收工作。

⑥适时进行必要的补充勘察。

7.2.2　技术要求

施工地质工作的主要目的是根据施工开挖所揭示出的地质现象，对前期的地质勘察成果进行检验及修正，并根据施工过程中揭露出的不良工程地质问题进行预测预报，提出相应的处理措施和合理化建议，以确保工程安全稳定运行。

（1）监理工程师应根据开挖分层、分区，经常到施工现场进行观察和检查，发现并记录开挖过程中揭露出的重要工程地质问题。

（2）对新揭露出的与施工详图有较大出入的地质构造问题，如不利结构面、断层、夹泥层、破碎带、裂隙密集带、岩脉、岩体风化加剧、地下水露头等，应及时与设计单位、勘察单位取得联系，研究并采取必要的处理措施。

（3）对关键部位的基础处理（包括地质缺陷和施工缺陷处理），地质监理工程师应实行全过程跟踪或旁站监理，确保处理质量，不留隐患。

（4）对下列工程地质问题进行重点检查观察和分析：

①岩体风化带的分布规律和分布状况。

②缓倾角结构面或不利结构面的组合，断层破碎带、夹泥层、裂隙密集带、岩脉等性状和发育规律及其对建筑物基础和边坡稳定性的影响。

③各级开挖边坡的稳定状况和已开挖形成的高边坡因应力释放而产生变形的发展过程。

④基坑涌水量及水位、补排关系。

（5）应高度重视高边坡在施工开挖过程中的稳定性，随时观察和检查开挖边坡不同类型岩体的分布情况和各种结构面交切组合状况，并分析边坡的稳定性。对可能的不稳定边坡和危岩体，应及时反馈并组织发包人、设计和勘察单位、承包人共同研究处理方案，确保施工安全。

（6）审核承包人所报送的与地质因素有关或因地质条件不良而引起超挖的工程量，并报发包人审批。

（7）审查承包人和有关部门对基础岩体的测试成果，鉴别和分析建基面基础岩体的质量。必要时对局部地段进行基础岩体弹性波抽检，复核建基面质量。

（8）负责组织各类建筑物基础、边坡以及道路基础的处理验收工作。

7.3　试验与检测（跟踪检测和平行检测）

7.3.1　监理工作内容

7.3.1.1　施工准备期工作内容

（1）查验进场原材料、中间产品、工程设备和检测试验仪器、器具、设备的质量、规格、合规情况。

（2）审批承包人的检测条件或委托的检测机构合规情况。

（3）检查混凝土拌和系统或商品混凝土供应情况。

（4）审查土方填筑料场复勘、施工工艺试验情况。

7.3.1.2 施工过程工作内容

（1）对施工质量及与之相关的人员、原材料、中间产品、工程设备、施工设备、工艺方法和施工环境等质量要素进行监督和控制。

（2）检查承包人的工程质量检测工作是否符合要求。

（3）检查承包人关于原材料、中间产品和工程设备的检验或验收工作是否符合规定。

（4）检查现场工艺试验是否符合规定。

（5）可采用跟踪检测方法监督承包人的自检工作，并通过平行检测核验承包人的检测试验结果。

（6）对于重要隐蔽单元工程和关键部位单元工程，应按有关规定组成联合验收小组共同检查并核定其质量等级。监理工程师应在质量等级签证表上签字。

（7）在工程设备安装调试完成后，监理机构监督承包人按规定进行设备性能试验。

7.3.2 技术要求

（1）原则上监理机构对原材料和中间产品均须进行平行检测和跟踪检测，但对于用量较少或按批次验收且验收次数较少的原材料（如混凝土拌合用水、桥梁橡胶支座、桥梁伸缩装置橡胶性能、预应力钢绞线和钢丝、预应力锚固器具和张拉设备、块石等），监理机构可进行见证取样，无须进行平行检测。

（2）平行检测的原材料、检测项目和标准应按规范要求做一次全项目检测，其余可做常规检测。

（3）对于基础承载力等专项检测，监理机构不进行平行检测，但须全部进行跟踪检测。

（4）对承包人的技术要求见《山东省水利工程规范化建设工作指南（检测分册）》有关规定。

7.4   施工图纸核查与签发

7.4.1   监理工作内容

监理机构在对施工图纸进行核查时,除了核查施工图纸本身是否满足设计规范要求之外,还应从设计合同角度进行核查,以保证工程质量,减少设计变更次数。对施工图纸的核查应侧重以下内容:

(1)施工图纸是否经设计单位正式签署。

(2)施工范围内的图纸及各专业施工图纸是否齐全、完整。如分期出图,图纸供应计划是否满足施工要求。

(3)施工图纸是否符合技术标准及强制性条文的要求。

(4)地质勘察深度是否足够,资料是否齐全,有无需要补充勘察的工程项目,地基与基础工程设计是否与工程地质条件紧密结合。

(5)总平面布置图与施工图中的位置、平面尺寸、高程等是否一致。

(6)图纸内容、表达深度是否满足施工需要,是否存在"错、缺、碰、漏"现象。

(7)各类图纸之间,各专业图纸之间,平面图、立面图、剖面图之间,各剖面图之间,总图与细部图之间,标注的平面位置、几何尺寸、高程等重要数据是否一致,有无矛盾;标注、说明是否清楚、齐全,是否有误,以及能否作为施工依据。

(8)设计说明与图纸、技术要求是否存在不一致的情况;是否编制有施工质量标准、施工技术要求,以及针对性是否满足施工需要。

(9)施工图纸标注的主要工程量与材料用量是否符合要求,施工图与相应项目、部位招标图纸是否有差异,必要时可进行工程量复核。

(10)钢筋图与混凝土结构图对应关系是否准确;钢筋明细表及钢筋的构造图对应关系是否清楚、准确。

(11)混凝土结构与开挖、金结、埋件等相互关系是否正确;金结、机电图与埋件对应关系图及标识是否有误;预埋件、预留孔洞等设置是否正确。

(12)根据施工机械、设备、工艺等,是否存在不便于施工或不能施工的技术问题或导致质量、安全及工程费用增加等问题。

(13)现有常规施工装备、技术条件能否满足设计要求,如需要采用非常规的施工技术措施时,技术上有无困难,且能否满足施工质量和施工安全要求。

（14）在施工安全、环境保护、消防等方面是否满足有关规定和要求。

（15）在满足设计功能的前提下，可否从经济角度对图纸进行修改。能否通过设计优化、细化、修改图纸，降低难度且保证施工质量、安全。

（16）地下构筑物、障碍物、管线是否探明并标注清楚。

（17）是否采用特殊材料或新型材料，其材料（品种、规格、数量等）的来源和供应能否满足要求。

（18）其他涉及设计文件及施工图纸的问题。

7.4.2　技术要求

（1）发包人收到图纸后，及时完成监理机构、承包人及其他有关单位的图纸批转手续确认。

（2）施工图纸的核查与签发应符合下列规定：

①工程施工所需的施工图纸经监理机构核查并签发后，承包人方可用于施工。承包人无图纸施工或按照未经监理机构签发的施工图纸施工，监理机构有权责令其停工、返工或拆除，有权拒绝相应项目的计量和签发付款证书。

②监理机构应在收到发包人提供的施工图纸后及时核查并签发。在施工图纸核查过程中监理机构可征求承包人的意见，必要时提请发包人组织有关专家会审。

③监理机构不得直接修改施工图纸，对核查过程中发现的问题，应通过发包人返回设代机构处理。

④对承包人提供的施工图纸，监理机构应按施工合同约定进行核查，在规定的期限内签发。对核查过程中发现的问题，监理机构应通知承包人修改后重新报审。

⑤经核查的施工图纸应由总监理工程师签发，并加盖监理机构公章。

⑥监理机构不得核查、签发未经批复擅自提供的变更图纸及设计变更报告。

（3）发包人、监理机构、承包人和其他有关单位必须事先指定负责该项目的有关技术人员对图纸进行审阅，初步审查本专业的图纸，并进行必要的审核和计算工作；各专业图纸之间必须核对，并做好阅图记录工作。

（4）有关单位审阅结束后，监理机构应在与有关各方约定的时间内主持或与发包人联合主持召开施工图纸技术交底会议，并由设计单位进行技术交底。

技术交底的目的：一方面，使参与工程建设的各方了解工程设计的主导思想、设计规范、确定的抗震设防烈度、基础、结构及机电设备设计,对主要建筑材料、构配件和设备的要求,所采用的新技术、新工艺、新材料、新设备以及施工中应特别注意的事项,掌握工程关键部位的技术要求,保证工程质量。另一方面,减少图纸中的差错、遗漏、矛盾,在施工前将图纸中的质量隐患与问题消除,使设计施工图纸更符合施工现场的具体要求,避免返工。

(5)在施工图设计技术交底的同时,监理机构、设计单位、发包人、承包人及其他有关单位需在对设计图纸自审的基础上进行会审。进行设计交底与图纸会审的工程图纸,必须经发包人确认。

(6)对承包人急需的隐蔽和重要部位工程专业图纸或有分期供图计划的图纸也可提前进行交底与会审,但在所有成套图纸到齐后需再统一交底与会审,会后要及时整理并签发会议纪要。

(7)设计单位根据会审意见对图纸进行处理,后经发包人签发完整的批转手续,批转到监理单位。

(8)对承包人提供的施工图纸,监理机构应按施工合同约定进行核查,在规定的期限内签发。对核查过程中发现的问题,监理机构应通知承包人修改后重新报审,经专业监理工程师对施工图纸重新进行核查,确认后签字、盖章,方可用于施工。

根据施工图纸所涉及的不同专业,总监理工程师可安排副总监理工程师或相应专业的监理工程师进行施工图纸核查。监理工程师在施工图纸核查的基础上,按照《水利工程施工监理规范》(SL 288—2014)附录 E 中的"施工图纸核查意见单"格式填写核查意见。

如核查过程中发现问题,对于发包人提供的设计文件及图纸,通过发包人返回设计单位处理;对于承包人提交的设计文件及图纸,由承包人修改后重新报批。

核查未发现问题或问题已明确处理后,总监理工程师签发《水利工程施工监理规范》(SL 288—2014)附录 E 中的"施工图纸签发表",在施工图纸上签字、盖章后,将设计文件及施工图纸签发给承包人用于施工。

(9)经总监理工程师签发的施工图纸及文件,需登记"监理发文登记表"。

(10)未经监理机构核查签发的设计文件和图纸,不能用于本工程施工。

(11)虽然监理机构对施工图纸进行了核查与签发,但是图纸问题及技术责任仍由设计单位承担。

第8章 专项工程监理工作要点

8.1 水土保持工程施工监理

8.1.1 水土保持工程项目划分

(1)水土保持工程一般分为水土保持生态建设工程和生产建设项目水土保持工程。

(2)水土保持生态建设工程应按照施工合同明确水土保持防治措施具体内容。根据工程实际,水土保持工程可分为单位工程、分部工程、单元工程。其中单位工程可划分为三类:①大型淤地坝或骨干坝,以每座工程作为一个单位工程;②基本农田、农业耕作与技术措施、造林、种草、生态修复、封禁治理、道路、泥石流防治等分别作为一个单位工程;③小型水利水土保持单位工程如谷坊、拦沙坝等,统一作为一个单位工程。

(3)生产建设项目水土保持工程应结合主体工程按照施工合同明确水土保持防治措施具体内容。根据工程实际,水土保持工程可分为单位工程、分部工程、单元工程。其中单位工程可划分为拦渣、斜坡防护、土地整治、防洪排导、降水蓄渗、临时防护、植被建设、防风固沙八类。

(4)水土保持工程项目划分参见《水土保持工程质量评定规程》(SL 336—2006)第3.1.1条。

8.1.2 水土保持工程施工监理

(1)施工准备期:监理单位应按照合同约定组建项目监理机构,编写监理规划与监理实施细则。

（2）施工实施期：监理机构应严格审查开工条件，做好质量、进度、投资、安全控制，履行合同与信息管理、组织协调职责。

（3）缺陷责任期：监理机构应在合同约定的期限内监督承包人履行质量保修责任。

（4）水土保持工程监理程序、方法、制度、措施及工作内容等详见《水土保持工程施工监理规范》（SL 523—2011）。

8.1.3　水土保持专项验收

根据水利部办水保〔2019〕172 号规定，水土保持专项验收由发包人自主验收，监理机构应按照《水土保持工程施工监理规范》（SL 523—2011）协助发包人做好验收工作。

8.2　环境保护监理

监理机构应督促承包人落实合同约定的施工现场环境保护管理工作。管理范围包括：工程区域和工程影响区域，主要有承包人的施工现场、办公场所、生活营地、施工道路、附属设施及在上述范围内的生产活动可能造成周边环境污染和生态破坏影响区域；移民安置区域。

8.2.1　环境保护监理主要工作内容

水利工程建设过程中，监理机构应做好以下环境保护监理工作：

（1）项目开工前，监理机构应根据设计要求协助发包人制定环境保护管理目标，建立项目环境保护管理制度，确定环境保护管理的责任部门，明确管理内容和要求；督促承包人进行环境影响评价，配置相关资源，落实环境保护管理措施，明确工程临时环保措施和环保检测项目的具体内容。

（2）审核承包人编报的施工组织设计中相关环境保护措施。

（3）对水环境保护和水污染防治、大气环境保护、噪声治理、废水、废气和废渣处置、扬尘治理等工作进行监督与控制。主要检查以下工作内容：

①工程施工方案和专项措施能否保证施工现场及周边环境安全，减少噪声污染、光污染、水污染及大气污染，杜绝重大污染事件的发生。

②在施工过程中是否进行垃圾分类，实现固体废弃物的循环利用；是否设

专人按规定处置有毒有害物质；是否存在将有毒、有害废弃物用于现场回填或混入建筑垃圾中外运的情况。

③是否按照分区划块原则，规范施工污染排放和资源消耗管理，进行定期检查或测量；是否实施预控和纠偏措施，保持现场良好的作业环境和卫生条件。

④针对施工污染源或污染因素，是否进行环境风险分析，制定环境污染应急预案，预防可能出现的非预期损害；在发生环境事故时，能否进行应急响应以减少或消除污染，隔离污染源并采取相应措施防止二次污染。

（4）项目完工后，监理机构应及时整编环境保护监理资料，按照《建设项目竣工环境保护验收技术规范　水利水电》（HJ 464—2009）的要求，完成并提交环境保护监理工作报告，参与项目环境保护验收。

8.2.2　环境保护专项验收

根据国环规环评〔2017〕4号文规定，环境保护验收责任主体为发包人，监理机构应按照《建设项目竣工环境保护验收技术规范　水利水电》（HJ 464—2009）的要求，协助发包人做好验收工作。

第9章 工程质量评定与验收

9.1 一般单元工程质量评定与验收

9.1.1 项目划分及工序、单元工程质量评定

（1）分部工程开工前，发包人或监理单位应组织设计、施工等单位，按照《水利水电工程单元工程施工质量验收评定标准》（SL 631～637—2012 和 SL 638～639—2013)要求共同划分单元工程，并根据工程性质和部位确定重要隐蔽单元工程和关键部位单元工程。

（2）单元工程分为划分工序单元工程和不划分工序单元工程。

①划分工序单元工程应先进行工序施工质量验收评定，在工序验收评定合格和施工项目实体质量检验合格的基础上进行单元工程施工质量验收评定。

②不划分工序单元工程的施工质量验收评定，在单元工程中所包含的检验项目检验合格和施工项目实体质量检验合格的基础上进行。

（3）单元（工序）工程质量评定经承包人自检合格填写水利水电工程施工质量评定表（以下简称评定表），终检人员签字，报监理工程师复核。

（4）工序施工质量评定应按下列程序进行：

①承包人应首先对已经完成的工序施工质量进行自检，并做好检验记录。

②承包人自检合格后，应填写工序施工质量验收评定表，质量责任人履行相应签认手续后，向监理单位申请复核。

③监理单位收到申请后，应在 4 h 内进行复核。复核应包括下列内容：

a.核查承包人报验资料是否真实、齐全。

b.结合平行检测和跟踪检测结果等,复核工序施工质量检验项目是否符合规范标准的要求。

c.在承包人提交的工序施工质量验收评定表中填写复核记录,并签署工序施工质量评定意见。

(5)工序施工质量验收评定应包括下列资料:

①承包人报验时,应提交下列资料:

a.各班、组的初检记录、施工队复检记录、承包人专职质检员终验记录。

b.工序中各施工质量检验项目的检验资料。

c.承包人自检完成后填写的工序施工质量验收评定表。

②监理单位应提交下列资料:

a.监理单位对工序中施工质量检验项目的平行检测资料。

b.监理工程师签署带质量复核意见的工序施工质量验收评定表。

9.1.2 单元工程施工质量验收

(1)单元工程所含工序(或所有施工项目)已完成,施工现场具备验收条件。

(2)已完工序施工质量经验收评定全部合格,有关质量缺陷已处理完毕或有监理单位批准的处理意见。

(3)单元工程施工质量验收应按下列程序进行:

①承包人应首先对已经完成的单元工程施工质量进行自检,并填写检验记录。

②承包人自检合格后,应填写单元工程施工质量验收评定表,向监理单位申请复核。

③监理单位收到申报后,应在 8 h 内进行复核。复核应包括下列内容:

a.核查承包人报验资料是否真实、齐全。

b.对照施工图纸及施工技术要求,结合平行检测和跟踪检测结果等,复核单元工程质量是否达到标准要求。

c.检查已完单元工程遗留问题的处理情况,在承包人提交的单元工程施工质量验收评定表中填写复核记录,并签署单元工程施工质量评定意见,评定单元工程施工质量等级,相关责任人履行相应签认手续。

d.对验收中发现的问题提出处理意见。

（4）单元（工序）工程施工质量合格标准应按照《水利水电工程单元工程施工质量验收评定标准》（SL 631～637—2012 和 SL 638～639—2013）或合同约定的合格标准执行。当达不到合格标准时，应及时处理。处理后的质量等级应按下列规定重新确定：

①全部返工重做的，可重新评定质量等级。

②经加固补强并经设计和监理单位鉴定能达到设计要求时，其质量评为合格。

③处理后的工程部分质量指标仍达不到设计要求时，经设计单位复核，发包人及监理单位确认能满足安全和使用功能要求，可不再进行处理；或经加固补强后，改变了外形尺寸或造成工程永久性缺陷的，经发包人、监理及设计单位确认能基本满足设计要求，其质量可定为合格，但应按规定进行质量缺陷备案。水利水电工程施工质量缺陷备案表格式见《水利水电工程施工质量检验与评定规程》（SL 176—2007）附录 B。

（5）单元（工序）工程施工质量验收评定表及其备查资料的准备：由工程承包人负责，其纸张规格宜采用国际标准 A4（210 mm×297 mm）；验收评定表一式四份，备查资料一式两份，其中验收评定表及其备查资料各一份应由监理单位保存，其余应由承包人保存。

（6）非水利行业单元（工序）工程按相关行业要求进行项目划分和质量评定。

9.2 重要隐蔽（关键部位）单元工程质量评定与验收

9.2.1 重要隐蔽（关键部位）单元工程质量评定

（1）重要隐蔽（关键部位）单元工程施工完成，承包人依据终检数据进行自评，自检合格并确定质量等级后报监理机构抽检。

（2）监理机构抽检合格并确定质量等级后报发包人。

（3）由发包人（或委托监理）组织设计、勘察（对重要隐蔽单元工程）、施工、工程运行管理（施工阶段已有时）等单位组成联合小组，共同核定其施工质量等级并填写签证表，报质量监督机构核备。

9.2.2　重要隐蔽（关键部位）单元工程质量验收

重要隐蔽单元工程和关键部位单元工程施工质量验收应由发包人（或委托监理单位）主持，由建设、设计、监理、施工等单位的代表组成联合小组，共同参与验收评定，并应在验收前通知工程质量监督机构。质量监督机构不再参加联合小组工作，但应核备其质量等级。如该单元工程由分包单位完成，则总包、分包单位各派一人参加联合小组工作。

（1）联合小组核查现场完成情况，是否达到验收条件。

（2）联合小组查阅备查资料，主要包括以下内容：

①地质编录：地勘单位地质工程师是否进行施工地质描述并完成地质编录书；如发现特殊地质情况，应在地质编录书中提出处理建议并签名。

②测量成果：重要隐蔽（关键部位）单元工程施工完成后，承包人应提供平面、剖面图并注明尺寸、高程、坐标、工作面及边坡等参数。

③检测试验报告：承包人应根据设计要求提供如岩芯试验、软基承载力试验、结构强度等试验报告，证明其施工质量达到了设计要求。

④影像资料：重要隐蔽（关键部位）单元工程施工完成后，承包人应提供轮廓清晰并注明单元工程名称的影像资料。

⑤其他：如单元评定资料或特殊地质处理资料等应齐全。

（3）验收小组进行验收评定，最终形成含各方签字的重要隐蔽（关键部位）单元工程质量等级签证表。

（4）重要隐蔽（关键部位）单元工程质量评定与验收详见《水利水电工程施工质量检验与评定规程》（SL 176—2007）附录 F。

9.3　分部工程质量评定与验收

9.3.1　分部工程施工质量评定

（1）分部工程施工质量同时满足下列标准时，其质量评为合格：

①所含单元工程质量全部合格。质量事故及质量缺陷已按要求处理，并经检验质量合格。

②原材料、中间产品及混凝土（砂浆）试件质量全部合格，金属结构及启闭

机制造质量合格,机电产品质量合格。

(2)分部工程施工质量同时满足下列标准时,其质量评为优良:

①所含单元工程质量全部合格,其中 70% 及以上单元工程质量达到优良等级,重要隐蔽(关键部位)单元工程质量优良率在 90% 以上,且未发生过质量事故。

②中间产品质量全部合格,混凝土(砂浆)试件质量达到优良等级(当试件组数小于 30 时,试件质量合格),原材料质量、金属结构及启闭机制造质量合格,机电产品质量合格。

(3)分部工程完成后应按照《水利水电工程施工质量检验与评定规程》(SL 176—2007)附录 C、附录 D 和附录 E 相关规定及时进行统计计算,结合承包人对原材料/中间产品的自检频率及结果,监理单位平行检测、跟踪检测频率及结果和单元工程质量评定情况对分部工程进行质量评定。

(4)分部工程施工质量在承包人自评合格后,由监理单位复核,发包人认定。分部工程验收的质量评定结论由发包人报工程质量监督机构核备。分部工程施工质量评定表见《水利水电工程施工质量检验与评定规程》(SL 176—2007)附录 G。

9.3.2　分部工程验收

(1)分部工程验收会议应由发包人(或委托监理单位)主持。验收工作组由发包人、勘测、设计、监理、施工、主要设备制造(供应)商等单位的代表组成。运行管理单位可根据具体情况决定是否参加。

质量监督机构宜派代表列席大型枢纽工程主要建筑物的分部工程验收会议。

(2)大型工程分部工程验收工作组成员应具有中级及其以上技术职称或相应执业资格;其他工程的验收工作组成员应具有相应的专业知识或执业资格。参加分部工程验收的每个单位代表人数不宜超过两名。

(3)分部工程验收条件、主要内容、验收程序等见《水利水电建设工程验收规程》(SL 223—2008)第 3 条有关规定。

(4)监理工作内容:

①批复承包人的验收申请报告。

②参加分部工程验收会议,讨论并通过分部工程验收鉴定书。

（5）分部工程验收鉴定书格式见《水利水电建设工程验收规程》（SL 223—2008）附录 E。

（6）验收应准备的备查档案资料见《水利水电建设工程验收规程》（SL 223—2008）附录 B。

（7）大型枢纽工程主要建筑物的分部工程验收质量评定结论由发包人报工程质量监督机构核定。

9.4 单位工程质量评定与验收

9.4.1 单位工程质量评定

（1）单位工程施工质量同时满足下列标准时，其质量评为合格：

①所含分部工程质量全部合格。

②质量事故已按要求进行处理。

③工程外观质量得分率在 70% 以上。

④单位工程施工质量检验与评定资料基本齐全。

⑤工程施工期及试运行期，单位工程观测资料分析结果符合国家和行业技术标准以及合同约定的要求。

（2）单位工程施工质量同时满足下列标准时，其质量评为优良：

①所含分部工程质量全部合格，其中 70% 以上分部工程质量达到优良等级，主要分部工程质量全部优良，且施工中未发生过较大质量事故。

②质量事故已按要求进行处理。

③外观质量得分率在 85% 以上。

④单位工程施工质量检验与评定资料齐全。

⑤工程施工期及试运行期，单位工程观测资料分析结果符合国家和行业技术标准以及合同约定的要求。

（3）发包人组织单位工程外观质量评定组的检验评定工作。在承包人自评的基础上，结合单位工程外观质量评定情况，监理单位复核单位工程等级，报发包人认定。水利水电工程外观质量评定办法见《水利水电工程施工质量检验与评定规程》（SL 176—2007）附录 A。

（4）单位工程施工质量在承包人自评合格后，由监理单位复核，发包人认定。单位工程验收的质量评定结论由发包人报工程质量监督机构核定。单位工程施工质量评定表和单位工程施工质量检验与评定资料核查表见《水利水电工程施工质量检验与评定规程》(SL 176—2007)附录 G。

9.4.2　单位工程验收

(1)单位工程验收会议应由发包人主持。验收工作组由发包人、勘测、设计、监理、施工、主要设备制造(供应)商、运行管理等单位的代表组成。必要时,可邀请上述单位以外的专家参加。

(2)单位工程验收工作组成员应具有中级及其以上技术职称或相应执业资格,每个单位代表人数不宜超过三名。

(3)需要提前投入使用的单位工程应进行单位工程投入使用验收。单位工程投入使用验收会议由发包人主持。根据工程具体情况,经竣工验收主持单位同意,单位工程投入使用验收会议也可由竣工验收主持单位或其委托的单位主持。

(4)单位工程投入使用验收除满足单位工程验收条件外,还应满足以下条件:

①工程投入使用后不影响其他工程正常施工,且其他工程施工不影响该单位工程安全运行。

②已经初步具备运行管理条件,需移交运行管理单位的,发包人与运行管理单位已签定提前使用协议书。

(5)单位工程投入使用验收除完成单位工程验收的工作内容外,还应对工程是否具备安全运行条件进行检查。

(6)单位工程验收条件、主要内容、验收程序等见《水利水电建设工程验收规程》(SL 223—2008)第 4 条有关规定。

(7)单位工程验收鉴定书格式见《水利水电建设工程验收规程》(SL 223—2008)附录 F。

(8)监理工作内容如下:

①编写工程施工监理工作报告。

②审核批复承包人的验收申请。

③参加单位工程验收会议,讨论并通过单位工程验收鉴定书。

(9)验收备查档案资料清单见《水利水电建设工程验收规程》(SL 223—2008)附录 B。

9.5　合同工程完工验收

（1）合同工程完工后,应进行合同工程完工验收。当合同工程仅包含一个单位工程(分部工程)时,宜将单位工程(分部工程)验收与合同工程完工验收一并进行,但应同时满足相应的验收条件。

（2）合同工程完工验收会议应由发包人主持。验收工作组由发包人以及与合同工程有关的勘测、设计、监理、施工、主要设备制造(供应)商等单位的代表组成。

（3）合同工程完工验收条件、主要内容见《水利水电建设工程验收规程》(SL 223—2008)第 5 条有关规定。合同工程完工验收程序同单位工程验收。

（4）合同工程完工验收鉴定书格式见《水利水电建设工程验收规程》(SL 223—2008)附录 G。

（5）监理工作内容如下:

①编写工程施工监理工作报告。

②审核批复承包人的验收申请。

③参加合同工程完工验收会议,讨论并通过合同工程完工验收鉴定书。

（6）验收备查档案资料清单见《水利水电建设工程验收规程》(SL 223—2008)附录 B 。

9.6　工程项目质量评定

（1）工程项目施工质量同时满足下列标准时,其质量评为合格:

①单位工程质量全部合格。

②工程施工期及试运行期,各单位工程观测资料分析结果均符合国家和行业技术标准以及合同约定的要求。

（2）工程项目施工质量同时满足下列标准时,其质量评为优良:

①单位工程质量全部合格,其中 70％以上单位工程质量达到优良等级,且主要单位工程质量全部优良。

②工程施工期及试运行期,各单位工程观测资料分析结果均符合国家和行业技术标准以及合同约定的要求。

③单位工程质量评定合格后,由监理单位进行统计并评定工程项目质量等级,经发包人认定后,报质量监督机构核定。工程项目施工质量评定表见《水利水电工程施工质量检验与评定规程》(SL 176—2007)附录 G。

9.7　阶段验收

(1)阶段验收应包括枢纽工程导(截)流验收、水库下闸蓄水验收、引(调)排水工程通水验收、水电站(泵站)首(末)台机组启动验收、部分工程投入使用验收以及竣工验收主持单位根据工程建设需要增加的其他验收。

(2)阶段验收应由竣工验收主持单位或其委托的单位主持。阶段验收委员会由验收主持单位、质量和安全监督机构、运行管理单位的代表以及有关专家组成;必要时,可邀请地方人民政府以及有关部门参加。

工程参建单位应派代表参加阶段验收工作,并作为被验收单位在验收鉴定书上签字。

(3)在大型工程阶段验收前,验收主持单位可根据工程建设需要成立专家组进行技术预验收。

(4)阶段验收条件、主要内容和程序见《水利水电建设工程验收规程》(SL 223—2008)第 6 条有关规定。

(5)阶段验收鉴定书格式见《水利水电建设工程验收规程》(SL 223—2008)附录 I。

(6)监理机构编写工程施工监理工作报告。

(7)验收备查档案资料清单见《水利水电建设工程验收规程》(SL 223—2008)附录 B。

9.8　专项验收

(1)水利工程专项验收主要包括:征地移民迁占验收、水利工程档案验收、环境保护验收、水土保持验收。

(2)征地移民迁占、档案、环境保护、水土保持专项验收工作由发包人组织各行业专家参加。

（3）监理工作内容如下：

①编写工程监理工作报告。

②参加专项验收会议，解答验收专家组提出的问题，作为被验收单位在验收鉴定书上签字。

9.9　竣工验收

（1）竣工验收应在工程建设项目全部完成并满足一定运行条件后一年内进行。不能按期进行竣工验收的，经竣工验收主持单位同意，可适当延长期限，但最长不得超过六个月。

（2）竣工验收分为竣工技术预验收和竣工验收两个阶段。

（3）大型水利工程在竣工技术预验收前，应按照有关规定进行竣工验收技术鉴定。对于中型水利工程，竣工验收主持单位可以根据需要决定是否进行竣工验收技术鉴定。

（4）竣工验收应具备的条件、程序见《水利水电建设工程验收规程》（SL 223—2008）第8条有关规定。

（5）申请竣工验收前，发包人应组织竣工验收自查工作。自查工作由发包人主持，勘测、设计、监理、施工、主要设备制造（供应）商以及运行管理等单位的代表参加。

（6）竣工验收自查工作报告格式见《水利水电建设工程验收规程》（SL 223—2008）附录M。

（7）竣工技术预验收应由竣工验收主持单位组织的专家组负责。竣工技术预验收专家组成员应具有高级技术职称或相应执业资格，三分之二以上成员应来自工程非参建单位。工程参建单位的代表应参加技术预验收，负责回答专家组提出的问题。

（8）竣工验收委员会可设主任委员一名，副主任委员以及委员若干名；主任委员应由验收主持单位代表担任。竣工验收委员会成员由竣工验收主持单位、有关地方人民政府和部门、有关水行政主管部门和流域管理机构、质量和安全监督机构、运行管理单位的代表以及有关专家组成。工程投资方代表可参加竣工验收工作。

（9）发包人、勘测、设计、监理、施工和主要设备制造（供应）商等单位应派代表参加竣工验收会议,负责解答验收委员会提出的问题,并作为被验收单位代表在验收鉴定书上签字。

(10)工程项目质量达到合格以上等级的,竣工验收的质量结论意见为合格。

(11)竣工验收鉴定书格式见《水利水电建设工程验收规程》(SL 223—2008)附录 R。

(12)各阶段验收应提供的资料目录和应准备的备查档案资料目录见《水利水电建设工程验收规程》(SL 223—2008)附录 A 和附录 B。

9.10　工程移交及遗留问题处理

(1)工程交接、工程移交、验收遗留问题及尾工处理、工程竣工证书颁发见《水利水电建设工程验收规程》(SL 223—2008)第 9 条有关规定。

(2)工程质量保修期从工程通过合同工程完工验收后开始计算,但合同另有约定的除外。

第 10 章　缺陷责任期监理工作

缺陷责任期即工程质量保修期,指从工程通过合同工程完工验收之日或从单位工程或部分工程通过投入使用验收之日起,至有关规定或施工合同约定的缺陷责任终止的时段。

(1)根据工程需要,在缺陷责任期监理机构可适时予以调整,除保留必要的人员和设施外,其他人员和设施可撤离,或按照合同约定将设施移交发包人。

(2)监理机构应监督承包人对已完成的工程项目中所存在的施工质量缺陷进行修复。

(3)监理机构应监督承包人按计划完成尾工项目,协助发包人验收尾工项目,并按合同约定办理付款签证。

(4)监理机构应审核承包人提交的缺陷责任终止申请,满足合同约定条件的,提请发包人签发工程质量保修责任终止证书[格式详见《水利水电建设工程验收规程》(SL 223—2008)附录 U]。

附　录

附录A　监理资料归档目录

监理机构应根据《水利部关于印发水利工程建设项目档案管理规定的通知》（水办〔2021〕200号）要求，将项目监理工作中形成的档案资料按附表A.1（不限于）所列目录与保管期限进行整理。

附表 A.1　监理资料归档目录

序号	归档文件范围	保管期限
1	监理项目部组建、印章启用、监理人员资质，总监任命、监理人员变更文件	永久
2	监理规划、大纲及报审文件，监理实施细则	永久
3	开工通知等文件	永久
4	图纸会审、设计交底（原稿中无）、图纸签发单、变更资料	永久
5	监理平行检验、试验记录、抽检文件	30年
6	监理检查、复检、旁站记录，见证取样资料	永久
7	质量缺陷、事故处理、安全事故报告	永久
8	暂停施工指示、复工通知、监理通知单（回复单）、工作联系单、来往函件	永久
9	监理例会、专题会等会议纪要、备忘录、重要会议、培训记录	永久
10	监理日志、月报、年报	30年

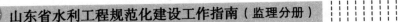

续表

序号	归档文件范围	保管期限
11	监理工作总结、质量评估报告、专题报告	永久
12	工程计量支付文件	永久
13	联合测量或复测资料	永久
14	监理音像文件	永久

附录 B　监理机构常用表填表说明及例表

B.1　表格说明

（1）监理机构用表：以 JL×× 表示。

（2）表的标题（表名）应采用如下格式：

JL××
合同工程×××
（监理〔　〕合开工　　号）

注：①"JL××"——表格类型及序号。

②"合同工程×××"——表格名称。

③"监理〔　〕×××　　号"——表格编号。其中，

a."监理"：监理单位简称。

b."〔　〕"：空白处填写年份，如"2022"表示 2022 年的表格。

c."×××"：表格的使用性质，如"合开工"用于"合同项目开工"批复。

d."　号"：一般为 3 位数的流水号，实际工作中常用 2 位数的流水号。

B.2　表格使用说明

（1）监理机构可根据施工项目的规模和复杂程度，采用其中的部分或全部表格；如表格不能满足实际工程需要，可调整或增加表格。

（2）各表格脚注中所列单位和份数为基本单位和推荐份数，工作中应根据具体情况和要求明确各类表格的报送单位和份数。

（3）相关单位都应明确文件的签收人。

（4）"JL05 批复表"可用于监理机构对承包人申报的施工组织设计、施工措施计划、专项施工方案、度汛方案、灾害紧急预案、施工工艺试验方案、专项检测试验方案、工程测量施测方案、工程放样计划和方案、变更实施方案等的批复。

（5）监理人的合同完成额月统计表、工程质量评定月统计表、工程质量平行检测试验月统计表和变更月统计表除作为监理月报附表外，还应按有关要求另行单独填报。

（6）表格中凡属监理工程师签名的，总监理工程师都可签署。表格中签名栏为"总监理工程师/副总监理工程师""总监理工程师/监理工程师"的，可根据工程特点和管理要求视具体授权情况由相应人员签署。

（7）监理用表中的合同名称和合同编号是指所监理的施工合同名称和编号。

B.3　监理机构常用表填表说明及例表

B.3.1　合同工程开工通知(JL01)

（1）"合同工程开工通知"填表说明

①监理机构应在施工合同约定的期限内，经发包人同意后向承包人发出合同开工通知，通知中应明确工程项目的开工日期。

②承包人在接到合同工程开工通知后，应按约定及时调遣人员和施工设备、材料进场，按施工总进度要求完成施工准备工作。同时，监理机构应协助发包人按施工合同约定向承包单位移交施工设施或施工条件，包括施工用地、道路、测量基准点以及供水、供电、通信设施等。

③承包人应签收和执行"合同工程开工通知"，并尽快提交合同工程开工申请表及施工技术方案、施工进度计划、资金流计划、现场组织机构及主要人员报审表等开工相关资料。

④"合同工程开工通知"报送单位及签收单位为中标承包人，而不是现场施工项目部。

（2）"合同工程开工通知"例表

JL01

合同工程开工通知

（监理〔2017〕开工 001 号）

合同名称：××××输水工程　　　　　　　　合同编号：××××-03

致××省水利水电工程局（承包人）：

　　根据施工合同约定，现签发××××输水工程合同工程开工通知。贵方在接到该通知后，及时调遣人员和施工设备、材料进场，完成各项施工准备工作，尽快提交《合同工程开工申请表》。

　　该合同工程的开工日期为 2017 年 1 月 15 日。

　　　　　　　　　　　监 理 机 构：××××水利水电工程建设监理公司

　　　　　　　　　　　　　　　　　××××输水工程项目监理部

　　　　　　　　　　　　　　　　　（名称及盖章）

　　　　　　　　　　　总监理工程师：×××（签名）

　　　　　　　　　　　日　　　　期：××××年××月××日

今已收到合同工程开工通知。

　　　　　　　　　　　承包人：××省水利水电工程局（名称及盖章）

　　　　　　　　　　　签收人：×××（签名）

　　　　　　　　　　　日　　期：××××年××月××日

说明：本表一式×份，由监理机构填写。承包人签收后，发包人×份、监理机构×份、承包人×份。

B.3.2　合同工程开工批复(JL02)

（1）"合同工程开工批复"填表说明

①承包人完成施工准备工作后,应向监理机构提交合同工程开工申请表。监理机构应严格审查开工具备的各项条件,经检查确认发包人和承包人的施工准备满足开工条件后,由总监理工程师签发"合同工程开工批复"。

②"合同工程开工批复"应附批复意见,经发包人同意后,由总监理工程师签发;承包人无异议后,由项目经理签字。

③"合同工程开工批复"应再次明确合同工程实际开工日期(即承包人计算工期的起始日期),并阐明监理机构具体意见。

（2）"合同工程开工批复"例表

JL02

合同工程开工批复

（监理〔2017〕合开工 001 号）

合同名称：××××输水工程　　　　　　　　合同编号：××××-03

致××省水利水电工程局××××工程项目部（承包人现场机构）： 　　贵方 2017 年 1 月 14 日报送的××××输水工程施工 2 标段合同工程开工申请（承包〔2017〕合开工 001 号）已经通过审核，同意贵方按施工进度计划组织施工。 批复意见： 　　经复查，你标段已具备合同工程开工条件，准许开工，请严格按照合同文件、设计文件及相关规范组织施工。合同实际开工日期为 2017 年 1 月 15 日。   　　　　　　　　　　　　监　理　机　构：××××水利水电工程建设监理公司 　　　　　　　　　　　　　　　　　　　　××××输水工程项目监理部 　　　　　　　　　　　　　　　　　　　　（名称及盖章） 　　　　　　　　　　　　总监理工程师：×××（签名） 　　　　　　　　　　　　日　　　　期：××××年××月××日
今已收到合同工程的开工批复。   　　　　　　　　　　　　承　包　人：××省水利水电工程局 　　　　　　　　　　　　　　　　　　××××工程项目部 　　　　　　　　　　　　　　　　　　（现场机构名称及盖章） 　　　　　　　　　　　　项目经理：×××（签名） 　　　　　　　　　　　　日　　　　期：××××年××月××日

　　说明：本表一式×份，由监理机构填写。承包人签收后，发包人×份、监理机构×份、
　　　　　承包人×份。

B.3.3　分部工程开工批复(JL03)

（1）"分部工程开工批复"填表说明

①每一分部工程开工前,承包人应向监理机构提交分部工程开工申请表,监理机构应检查分部工程的开工条件,审核承包人递交的施工措施计划、施工方案等,确认后签发"分部工程开工批复"。

②分部工程的名称、编码应与质量监督部门批复的项目划分保持一致。

③分部工程开工批复应明确此分部工程的开工日期。

（2）"分部工程开工批复"例表

JL03

分部工程开工批复

（监理〔2017〕分开工 010 号）

合同名称：××××输水工程　　　　　　　　合同编号：××××-03

致××省水利水电工程局××××工程项目部（承包人现场机构）：

　　贵方 2017 年 6 月 30 日报送的 ☑分部工程/☐分部工程部分工作开工申请表（承包〔2017〕分开工 010 号）已经通过审核，同意开工。

　　批复意见：

　　经复查，你标段附属建筑物工程（编码：××××WF2-D1-F8）分部工程施工准备工作已完成，施工技术交底、安全交底已落实，具备开工条件，准许开工。该分部工程开工日期为 2017 年 7 月 5 日。

　　　　　　　　　　　监 理 机 构：××××水利水电工程建设监理公司

　　　　　　　　　　　　　　　　　××××输水工程项目监理部

　　　　　　　　　　　　　　　　　（名称及盖章）

　　　　　　　　　　　监理工程师：×××（签名）

　　　　　　　　　　　日　　　期：××××年××月××日

　　今已收到 ☑分部工程/☐分部工程部分工作的开工批复。

　　　　　　　　　　　承 包 人：××省水利水电工程局

　　　　　　　　　　　　　　　　××××工程项目部

　　　　　　　　　　　　　　　　（名称及盖章）

　　　　　　　　　　　项目经理：×××（签名）

　　　　　　　　　　　日　　　期：××××年××月××日

　　说明：本表一式×份，由监理机构填写。承包人签收后，发包人×份、监理机构×份、承包人×份。

B.3.4　工程预付款支付证书(JL04)

（1）"工程预付款支付证书"填表说明

①监理机构收到承包人提交的工程预付款申请单后,应按照施工合同约定的条款进行审核;条件具备、额度准确时,由总监理工程师开具可以向承包人支付预付款的证明,即"工程预付款支付证书"。

②在签发"工程预付款付款证书"前,监理机构应依据有关法律、法规及施工合同的约定,审核工程预付款(或保函)担保的有效性,并经发包人同意、签认。

③监理机构应定期向发包人报告工程预付款扣回情况。当工程预付款已全部扣回时,监理机构应督促发包人在约定的时间内退还工程预付款担保证件。

④工程预付款支付的额度、分次付款的比例以及分次付款的时间按施工合同相关条款办理。

（2）"工程预付款支付证书"例表

JL04

工程预付款支付证书

（监理〔2017〕工预付 001 号）

合同名称：××××输水工程　　　　　　　　　合同编号：××××-03

致××省××××工程建设管理处（发包人）：

　　鉴于 □工程预付款担保已获得贵方确认/ ☑合同约定的第一次工程预付款条件已具备。根据施工合同约定,贵方应向承包人支付第一次工程预付款,金额为（大写）壹仟玖佰贰拾柒万叁仟陆佰叁拾叁元捌角整（小写）19273633.80 元。

　　　　　　　　　　　　　　监 理 机 构：××××水利水电工程建设监理公司

　　　　　　　　　　　　　　　　　　　　××××输水工程项目监理部

　　　　　　　　　　　　　　　　　　　　（名称及盖章）

　　　　　　　　　　　　　　总监理工程师：×××（签名）

　　　　　　　　　　　　　　日　　　　期：××××年××月××日

发包人审批意见：

　　　　　　　　　　　　　　发包人：××省××××工程建设管理处

　　　　　　　　　　　　　　　　　　（名称及盖章）

　　　　　　　　　　　　　　负责人：×××（签名）

　　　　　　　　　　　　　　日　　期：××××年××月××日

　　说明：本证书一式×份,由监理机构填写。发包人×份、监理机构×份、承包人×份。

B.3.5　批复表(JL05)

（1）"批复表"填表说明

①"批复表"主要用于对承包人提交的申请、报告的批复。一般批复由监理工程师签发,重要批复由总监理工程师签发。

②批复意见:承包人对批复意见有异议时,应在收到批复表后及时提出修改申请,要求总监理工程师或监理工程师予以确认;在未得到修改意见前,承包人应执行总监理工程师或监理工程师下发的"批复表"。

③批复表的签发:总监理工程师或监理工程师签发"批复表"时,应将监理工程师或总监理工程师的签字栏删除或划掉。

（2）"批复表"例表

JL05

批 复 表

（监理〔2017〕技案批复 001 号）

合同名称：××××输水工程　　　　　　　　　　合同编号：××××-03

致××省水利水电工程局××××工程项目部（承包人现场机构）：

贵方于 2017 年 3 月 6 日报送的施工组织设计（文号：承包〔2017〕技案 001 号），经监理机构审核，批复意见如下：

1.同意该施工组织设计方案。

2.认真落实施工组织设计方案内容，严格执行设计标准和施工规范，及时收集整理技术参数，强化质量保证体系，确保工程质量目标的实现。

　　　　　　　　　　　　　　监理机构：××××水利水电工程建设监理公司

　　　　　　　　　　　　　　　　　　　××××输水工程项目监理部

　　　　　　　　　　　　　　　　　　　（名称及盖章）

　　　　　　　　　　　　　　总监理工程师/监理工程师：×××（签名）

　　　　　　　　　　　　　　日　　　期：××××年××月××日

今已收到监理〔2017〕技案批复 001 号。

　　　　　　　　　　　　　　承包人：××省水利水电工程局

　　　　　　　　　　　　　　　　　　××××工程项目部

　　　　　　　　　　　　　　　　　　（现场机构名称及盖章）

　　　　　　　　　　　　　　签收人：×××（签名）

　　　　　　　　　　　　　　日　　　期：××××年××月××日

说明：本表一式×份，由监理机构填写。承包人签收后，发包人×份、监理机构×份、
　　　承包人×份。

B.3.6　监理通知(JL06)

(1)"监理通知"填表说明

①在监理工作中,项目监理机构按委托监理合同授予的权限,对承包人发出指令、提出要求,除另有规定外,均应采用此表。

②"监理通知"应由承包人签收、执行。承包人应将执行结果报监理机构复核。

③事由:通知事项的主题。

④通知内容:项目监理机构对承包人所发出的指令或提出的要求。

⑤"监理通知"应针对承包人在工程施工中出现的不符合设计要求、不符合施工技术标准、不符合合同约定的情况以及偷工减料、使用不合格的材料、构配件和设备的情况,纠正承包人在工程质量、进度、投资、安全等方面的违规、违章行为。

⑥承包人对监理通知中的要求有异议时,应在收到通知后 24 小时内向监理机构提出修改申请,要求总监理工程师或监理工程师予以确认;在未得到总监理工程师或监理工程师修改意见前,承包人应执行监理机构下发的"监理通知"。

⑦监理通知的签发:总监理工程师或监理工程师签发"监理通知"时,应将监理工程师或总监理工程师的签字栏删除或划掉。

（2）"监理通知"例表

JL06

监 理 通 知

（监理〔2017〕通知 002 号）

合同名称：××××输水工程 　　　　　　　　合同编号：××××-03

致××省水利水电工程局××××工程项目部（承包人现场机构）：

　　事由：施工报表表式及填报要求。

　　通知内容：

　　为统一施工报表表式与填报格式，现将有关事项通知如下：

　　1.报表表式

　　采用水利部《水利工程施工监理规范》（SL 288—2014）中的"承包人用表"表式和监理机构提供的自制表式。

　　2.报表填报要求

　　（1）纸张大小与页边距要求：纸张大小为 A4（210 mm×297 mm），页边距为新建 Word 文档页边距（上下为 2.50 cm、左右为 2.60 cm）；

　　（2）字体要求：报表标题字体为三号宋体加黑，报表编号字体为五号普通宋体，报表中其他字体为小四号仿宋；

　　（3）字符间距要求：为标准字符间距或根据排版需要对字符间距进行适当紧缩或加宽处理；

　　（4）行距要求：报表标题与报表编号之间及表内文字行与行之间的行距均为固定值 20 磅。

　　　　　　　　　　　　　监理机构：××××水利水电工程建设监理公司

　　　　　　　　　　　　　　　　　××××输水工程项目监理部

　　　　　　　　　　　　　　　　　（名称及盖章）

　　　　　　　　　　　　　总监理工程师/监理工程师：×××（签名）

　　　　　　　　　　　　　日　　　期：××××年××月××日

　　　　　　　　　　　　　承包人：××省水利水电工程局

　　　　　　　　　　　　　　　　　××××工程项目部

　　　　　　　　　　　　　　　　　（现场机构名称及盖章）

　　　　　　　　　　　　　签收人：×××（签名）

　　　　　　　　　　　　　日　　　期：××××年××月××日

说明：本通知一式×份，由监理机构填写。发包人×份、监理机构×份、承包人×份。

B.3.7　监理报告(JL07)

(1)"监理报告"填表说明

①"监理报告"可用于监理机构认为需报请发包人批示的各项事宜。

②报告内容:涉及工程质量、进度、投资、安全等方面,需要报请发包人批示的各项事宜。

（2）"监理报告"例表

JL07

监 理 报 告

（监理〔2017〕报告 003 号）

合同名称：××××输水工程 　　　　　　　　　合同编号：××××-03

致××省××××工程建设管理处：
事由：监理人员调整。
报告内容：
上报××××水利水电工程建设监理公司关于调整增加××××输水工程项目监理部人员的函，请批示！
监 理 机 构：××××水利水电工程建设监理公司
××××输水工程项目监理部
（名称及盖章）
总监理工程师：×××（签名）
日　　　　期：××××年××月××日
就贵方报告事宜答复如下：
发包人：××省××××工程建设管理处
（名称及盖章）
负责人：×××（签名）
日　　期：××××年××月××日

　　说明：1.本表一式×份，由监理机构填写，发包人批复后留×份，退回监理机构×份。

　　　　　2.本表可用于监理机构认为需报请发包人批示的各项事宜。

B.3.8 计日工工作通知(JL08)

(1)"计日工工作通知"填表说明

①监理机构可指示承包人以计日工方式完成一些未包括在施工合同中的特殊的、零星的、漏项的或紧急的工作内容。指示下达后,监理机构应检查和督促承包人按指示的要求实施,完成后确认其计日工工作量,并签发有关付款证明。

②承包人需每日向监理机构提交经现场监理人员和发包人代表确认的从事该工作的所有工人的姓名、工种和工时的清单,一式三份;同时提交该项工作涉及设备的种类、数量等的报表,一式三份。

③监理机构在下达指示前应经发包人批准。承包人可将计日工支付随工程价款月支付一同申请。

（2）"计日工工作通知"例表

JL08

计日工工作通知

（监理〔2017〕计通 003 号）

合同名称：××××输水工程 　　　　　　　　合同编号：××××-03

<table>
<tr><td colspan="5">致××省水利水电工程局××××工程项目部（承包人）：
　　依据合同约定，经发包人批准，现决定对下列工作按计日工予以安排，请据以执行。</td></tr>
<tr><td>序号</td><td>工作项目或内容</td><td>计划工作时间</td><td>计价或付款方式</td><td>备注</td></tr>
<tr><td>1</td><td>根据发包人 2017 年 8 月 5 日关于道路恢复的函中"需恢复因汛期冲毁的河床内原有道路"</td><td>2017 年 10 月 10 日至 10 月 16 日</td><td>以投标书中零星工作项目计价表单价计价支付</td><td></td></tr>
<tr><td>2</td><td></td><td></td><td></td><td></td></tr>
<tr><td colspan="5">附件：无。

　　　　　　监 理 机 构：××××水利水电工程建设监理公司
　　　　　　　　　　　　××××输水工程项目监理部
　　　　　　　　　　　　（名称及盖章）
　　　　　　总监理工程师：×××（签名）
　　　　　　日　　　期：××××年××月××日</td></tr>
<tr><td colspan="5">我方将按通知执行。

　　　　　　承 包 人：××省水利水电工程局
　　　　　　　　　　　　××××工程项目部
　　　　　　　　　　　　（现场机构名称及盖章）
　　　　　　项目经理：×××（签名）
　　　　　　日　　　期：××××年××月××日</td></tr>
</table>

说明：1.本表一式×份，由监理机构填写。承包人签收后，发包人×份、监理机构×份、承包人×份。

　　　2.本表计价及付款方式栏填写"按合同计日工单价支付"或"双方协商"。

B.3.9 工程现场书面通知(JL09)

（1）"工程现场书面通知"填表说明

①在监理工作中,监理工程师现场发出的口头指令及要求,应采用此表予以确认。

②"工程现场书面通知"应由承包人签收和执行。如承包人有不同意见,可另行报请监理工程师审核。

③通知内容与要求:针对承包单位在工程施工中出现的不符合设计要求、不符合施工技术标准、不符合合同约定的情况,纠正承包人在工程质量、进度、投资、安全等方面的违规、违章行为。

（2）"工程现场书面通知"例表

JL09

<h1 style="text-align:center">工程现场书面通知</h1>

（监理〔2017〕现通 001 号）

合同名称：××××输水工程　　　　　　　　　合同编号：××××-03

致××省水利水电工程局××××工程项目部（承包人现场机构）：

　　事由：

　　个别现场检测人员拒绝接受监理跟踪检测监督。

　　通知内容：

　　2017 年 5 月 13 日 16 时，贵部在施工中存在下列违规（章）作业情况：

　　在桩号 23＋110 位置土方开挖后，沟槽内出现流沙、淤泥地质条件满足不了设计要求，地质工程师已提出换填要求。换填后贵部检测人员准备在此部位进行取样检测。监理工程师要求取样检测必须找监理人员现场跟踪监督，贵部检测人员×××当场表示拒绝接受监理指示。

　　对于贵部个别检测人员以其恶劣的态度无视监理的监督行为，已造成极坏的影响，必须让其承认错误，并公开道歉。总监依据其职责，要求贵部撤换不服从监理监管的有关人员，更换懂程序、称职的人员进驻现场进行自检工作。监理部将视贵部对此事的处理态度和结果，保留进一步追究违约责任和处罚的权利。

监理机构：×××××水利水电工程建设监理公司

×××××输水工程项目监理部

（名称及盖章）

监理工程师/监理员：×××（签名）

日　　　期：××××年××月××日

承包人意见：

承　包　人：××省水利水电工程局

××××工程项目部

（现场机构名称及盖章）

现场负责人：×××（签名）

日　　　期：××××年××月××日

　　说明：1.本表一式×份，由监理机构填写。承包人签署意见后，监理机构×份、承包人×份。

　　　　　2.一般情况下本表应由监理工程师签发；对现场发现的施工人员违反操作规程的行为，监理员可以签发。

B.3.10 警告通知(JL10)

（1）"警告通知"填表说明

①对承包人的一些违规行为,监理机构应依据施工合同约定,在进行查证和事实认定的基础上,及时向承包人发出"警告通知",限其在收到"警告通知"后立即予以弥补和纠正。

②在承包人收到"警告通知"后仍不采取有效措施纠正其违规行为或继续违规,严重影响工程质量、进度,甚至危及工程安全时,监理机构可限令其停工整改,并在规定时限内提交整改报告。

③在承包人继续严重违规时,监理机构应及时向发包人报告,说明承包人违规情况及可能造成的影响。

（2）"警告通知"例表

JL10

警 告 通 知

（监理〔2018〕警告 001 号）

合同名称：××××输水工程　　　　　　　　　　合同编号：××××-03

致××省水利水电工程局××××工程项目部（承包人现场机构）：

鉴于你方在履行合同时发生了下列违约行为，依据合同约定，特发此警告通知。你方应立即采取措施，纠正违约行为后报我方确认。

违约行为情况描述：

1. 砌石所用砂浆没有严格按照试验配合比进行拌和。

2. 护坡砌石表面平整度、灰缝宽度没有达到设计及规范要求，施工质量不合格。

合同的相关约定：

根据施工通用合同条款 13.1.2 规定：因承包人原因造成质量达不到合同约定验收标准的，监理人有权要求承包人返工直至达到合同要求，由此造成费用增加和（或）工期延误的损失由承包人承担。

监理机构要求：

根据合同文件和有关规定，责令此段（0＋170～0＋190）拆除并返工处理，待验收合格后再进行施工，并上报书面整改措施。

　　　　　　　　　　监 理 机 构：××××水利水电工程建设监理公司

　　　　　　　　　　　　　　　　××××输水工程项目监理部

　　　　　　　　　　　　　　　　（名称及盖章）

　　　　　　　　　　总监理工程师：×××（签名）

　　　　　　　　　　日　　　期：××××年××月××日

　　　　　　　　　　承包人：××省水利水电工程局

　　　　　　　　　　　　　　××××工程项目部

　　　　　　　　　　　　　　（现场机构及盖章）

　　　　　　　　　　签收人：×××（签名）

　　　　　　　　　　日　　期：××××年××月××日

说明：本表一式×份，由监理机构填写。承包人签收后，发包人×份、监理机构×份、承包人×份。

B.3.11　整改通知(JL11)

(1)"整改通知"填表说明

①在施工过程中,监理机构应对承包人执行合同文件和工程建设强制性标准以及施工安全措施的情况进行监督、检查。监理机构发现有影响工程质量、进度,甚至危及工程安全的行为时,应发出"整改通知",指示承包人采取有效措施予以整改。

②在承包人收到"整改通知"后延误或拒不整改时,监理机构可暂停签发工程价款付款凭证,限令其停工整改,同时向发包人报告,说明承包人违规情况及可能造成的影响。

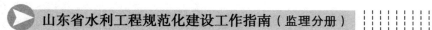

（2）"整改通知"例表

JL11

整 改 通 知

（监理〔2018〕整改 003 号）

合同名称：××××输水工程　　　　　　　　　合同编号：××××-03

致××省水利水电工程局××××工程项目部（承包人现场机构）：

　　鉴于你方如下行为，通知你方对 K35＋510～K35＋870 段土方回填工程项目按下述要求进行整改，并于 2018 年 5 月 7 日前提交整改措施报告，按要求进行整改。

　　整改原因：你标段在 K35＋510～K35＋870 段土方回填施工中，铺土厚度超出设计要求，无法保证压实度。

　　整改要求：要求你部将 K35＋510～K35＋870 桩段半管以上土方挖出，按照设计及规范要求进行铺料夯实施工，并在每层压实自检合格后，上报现场监理复检。

　　　　　　　　　　　监 理 机 构：××××水利水电工程建设监理公司

　　　　　　　　　　　　　　　　　　××××输水工程项目监理部

　　　　　　　　　　　（名称及盖章）

　　　　　　　　　监理工程师：×××（签名）

　　　　　　　　　日 　　　 期：××××年××月××日

　　　　　　　　　　　承包人：××省水利水电工程局

　　　　　　　　　　　　　　　　××××工程项目部

　　　　　　　　　　　（现场机构名称及盖章）

　　　　　　　　　签收人：×××（签名）

　　　　　　　　　日 　　　 期：××××年××月××日

　　说明：本表一式×份，由监理机构填写。承包人签收后，发包人×份、监理机构×份、
　　　　　承包人×份。

B.3.12　变更指示(JL12)

（1）"变更指示"填表说明

①工程变更经发包人批准，由发包人委托原设计单位负责完成具体的工程变更设计工作。

②监理机构核查工程变更设计文件、图纸后，应向承包人下发"变更指示"，承包人据此组织实施工程变更。

③监理机构根据工程的具体情况，为避免耽误施工，可先发布变更指示（变更设计文件、图纸），指示承包人实施变更工作；待合同双方进一步协商确定工程变更的单价或合价后，再确认项目价款。

（2）"变更指示"例表

JL12

变 更 指 示

（监理〔2017〕变指 002 号）

合同名称：××××输水工程　　　　　　　　　合同编号：××××-03

致××省水利水电工程局××××工程项目部：

现决定对如下项目进行变更，贵方应根据本指示于 2017 年 4 月 17 日前提交相应的施工措施计划和变更报价。

变更项目名称：调整穿越沙河设计方案。

变更内容简述：穿越沙河（桩号：24＋660～24＋800，长度 140 m）变更为顶套管穿越，套管规格为 DRCP Ⅲ DN3000 顶管用钢筋混凝土管，套管外防腐喷涂环氧煤沥青；套管内输水管道规格 Ø2444 mm×22 mm 螺旋钢管，防腐处理措施与设计方案相同，双管中心距 8.0 m；输水管道与套管之间充填中粗砂。

变更工程量估计：增加 DRCP Ⅲ DN3000 钢筋混凝土管顶管 2 m×140 m、中粗砂 92.1 m³，减少开挖土方 9330.0 m³、碎石 60.9 m³、M10 浆砌块石 184.7 m³。

变更技术要求：见附件及设计图纸涉及的相关规范。

附件：××省水利水电勘测设计院（院发函〔2017〕23 号）——关于调整穿越沙河设计方案的函。

　　　　　　　　　　　　　监 理 机 构：××××水利水电工程建设监理公司

　　　　　　　　　　　　　　　　　　　　××××输水工程项目监理部

　　　　　　　　　　　　　　　　　　　（名称及盖章）

　　　　　　　　　　　　　总监理工程师：×××（签名）

　　　　　　　　　　　　　日　　　　期：××××年××月××日

　　　　　　　　　　　　　承包人：××省水利水电工程局

　　　　　　　　　　　　　　　　　　××××工程项目部

　　　　　　　　　　　　　　　　　（名称及盖章）

　　　　　　　　　　　　　签收人：×××（签名）

　　　　　　　　　　　　　日　　　　期：××××年××月××日

说明：本表一式×份，由监理机构填写。承包人签收后，发包人×份、设代机构×份、
　　　监理机构×份、承包人×份。

B.3.13　变更项目价格审核表(JL13)

(1)"变更项目价格审核表"填表说明

①工程变更的提出、审查、批准、实施等过程应按施工合同约定的程序进行。

②监理机构审核承包人提交的"变更项目价格申报表",应按下述原则处理:

a.如果施工合同工程量清单中有适用于变更工作内容的项目时,应采用该项目的单价或合价;

b.如果施工合同工程量清单中无适用于变更工作内容的项目时,可引用施工合同工程量清单中类似项目的单价或合价作为合同双方变更议价的基础;

c.如果施工合同工程量清单中无此类似项目的单价或合价,或单价或合价明显不合理或不适用的,经协商后由承包人依照招标文件确定的原则和编制依据重新编制单价或合价,经监理机构审核后报发包人确认。

③监理机构针对变更项目的价格审核结束后,由总监理工程师签发"变更项目价格审核表"。

（2）"变更项目价格审核表"例表

JL13

变更项目价格审核表

（监理〔2017〕变价审 001 号）

合同名称：××××输水工程   合同编号：××××-03

致××省××××工程建设管理处（发包人）：

    根据有关规定和施工合同约定，承包人提出的变更项目价格申报表（××××〔2017〕变价 001 号），经我方审核，变更价格如下，请贵方审定。

序号	项目名称	单位	承包人申报价格（单价）/元	监理审核价格（单价）/元	备注
1	DN700 mm 对焊法兰 1.0 Pa，GB 9115	个	3000.00	2692.00	新增单价
2	DN1400 法兰盖	个	19000.00	16913.00	新增单价

    附件：1.变更项目价格申报表。

          2.监理变更单价审核说明。

          3.监理变更单价分析表。

                监 理 机 构：××××水利水电工程建设监理公司

                              ××××输水工程项目监理部

                              （名称及盖章）

                总监理工程师：×××（签名）

                日   期：××××年××月××日

                发包人：××省××××工程建设管理处

                        （名称及盖章）

                负责人：×××（签名）

                日   期：××××年××月××日

    说明：本表一式×份，由监理机构填写。发包人签署后，发包人×份、监理机构×份、承包人×份。

B.3.14　变更项目价格/工期确认单(JL14)

（1）"变更项目价格/工期确认单"填表说明

①监理机构发出"变更项目价格审核表"后,应组织发包人和承包人就变更项目价格进行协商。双方协商一致后,监理机构应填写"变更项目价格确认单",经三方签字后生效。"变更项目价格/工期确认单"作为支付变更项目工程款的依据,在办理结算时使用。

②如果发包人与承包人不能协商一致,监理机构应确定合适的暂定单价或合价,通知承包人执行。暂定单价或合价,作为临时支付工程进度款的依据。该项工程款最终结算时,应以发包人和承包人达成的协议为依据。

(2)"变更项目价格/工期确认单"例表

JL14

变更项目价格/工期确认单

（监理〔2017〕变确001号）

合同名称：××××输水工程 合同编号：××××-03

根据有关规定和施工合同约定，发包人和承包人就新增项目价格协商如下，同时变更项目工期协商意见：☑不延期/□延期__天/□另行协商。					
双方协商一致的	序号	项目名称	单位	确认价格（单价）/元	备注
	1	DN700 mm 对焊法兰 1.0 Pa，GB 9115	个	2692.00	变更单价
	2	DN1400 法兰盖	个	16913.00	变更单价
双方未协商一致的	序号	项目名称	单位	总监理工程师确定的暂定价格（单价）	备注

发包人：××省××××工程建设管理处
　　（名称及盖章）
负责人：×××（签名）
日　　期：××××年××月××日

承　包　人：××××阀门有限公司
　　（名称及盖章）
项目经理：×××（签名）
日　　期：××××年××月××日

　　合同双方就上述协商一致的变更项目价格、工期，按确认的意见执行。后续事宜按合同约定执行。

　　　　　　监 理 机 构：××××水利水电工程建设监理公司
　　　　　　　　　　××××输水工程项目监理部
　　　　　　　　　　（名称及盖章）
　　　　　　总监理工程师：×××（签名）
　　　　　　日　　　　期：××××年××月××日

　　说明：本表一式×份，由监理机构填写。各方签字后，发包人×份、监理机构×份、承包人×份，办理结算时使用。

B.3.15　暂停施工指示(JL15)

（1）"暂停施工指示"填表说明

①监理机构下达"暂停施工指示"，应以书面形式征得发包人同意。

②下达暂停施工指示后，监理机构应指示承包人妥善照管工程，并督促有关方及时采取有效措施排除影响因素，为尽早复工创造条件。

③监理机构下达"暂停施工指示"，应符合合同文件及相关规范规定。

（2）"暂停施工指示"例表

JL15

暂停施工指示

（监理〔2018〕停工001号）

合同名称：××××输水工程　　　　　　　　　　合同编号：××××-03

致××省水利水电工程局××××工程项目部（承包人现场机构）：

由于下述内容，现通知你方于2018年2月11日17时对××××输水工程工程项目暂停施工。

暂停施工范围说明：1标段所有工程。

暂停施工原因：进入冬季，气温过低，为保证质量无法进行施工。

引用合同条款或法规依据：

根据施工合同通用合同条款12.3.1条规定：监理人认为有必要时，可向承包人作出暂停施工的指示；承包人应按监理人指示暂停施工，不论何种原因引起的暂停施工，暂停施工期间承包人应负责妥善保护工程并提供安全保障。

暂停施工期间要求：

1.制定过冬工程看护制度及措施，安排看护、值班人员，责任到人。

2.施工场地保护：切断施工供水、供电管线，对看护用电的线路、灯具及电炉进行漏电检查。防火（配置消防器材）、防盗、防静电、防煤烟中毒，防止供水管道冻裂。整理易燃、易爆材料，入库封存保护。做好大风、大雪等恶劣气候的应急准备工作。

3.成品、半成品保护：对裸露钢筋进行防锈处理，对建筑物局部表面覆盖，防止冰雪冻融。工程资料由专人保管，防止损坏和丢失。

4.制定过冬工程应急预案。

　　　　　　　　　　　监　理　机　构：××××水利水电工程建设监理公司

　　　　　　　　　　　　　　　　　　××××输水工程项目监理部

　　　　　　　　　　　　　　　　　　（名称及盖章）

　　　　　　　　　　　总监理工程师：×××（签名）

　　　　　　　　　　　日　　　　期：××××年××月××日

　　　　　　　　　　　承包人：××省水利水电工程局

　　　　　　　　　　　　　　　××××工程项目部

　　　　　　　　　　　　　　　（现场机构名称及盖章）

　　　　　　　　　　　签收人：×××（签名）

　　　　　　　　　　　日　　　期：××××年××月××日

说明：本表一式×份，由监理机构填写。承包人签收后，发包人×份、设代机构×份、监理机构×份、承包人×份。

B.3.16　复工通知(JL16)

（1）"复工通知"填表说明

①总监理工程师应在施工暂停原因消除、具备复工条件时,及时签署"复工通知",明确复工范围,并督促承包人执行。

②监理机构应及时按施工合同约定处理因工程停工引起的与工期、费用等有关的问题。

（2）"复工通知"例表

JL16

复 工 通 知

（监理〔2018〕复工 001 号）

合同名称：××××输水工程　　　　　　　　　合同编号：××××-03

<table>
<tr><td>
致××省水利水电工程局××××工程项目部（承包人现场机构）：
　　鉴于暂停施工指示（监理〔2018〕停工 001 号）所述原因已经 ☑全部/□部分消除，你方可于 2018 年 2 月 23 日 8 时起对××××输水工程工程（下列范围）恢复施工。
　　复工范围：☑监理〔2018〕停工 001 号指示的全部暂停施工项目。
　　　　　　　□监理〔　〕停工　　　号指示的下列暂停施工项目：

监 理 机 构：××××水利水电工程建设监理公司
××××输水工程项目监理部
（名称及盖章）
总监理工程师：×××（签名）
日　　　　期：××××年××月××日
</td></tr>
<tr><td>

承包人：××省水利水电工程局
××××工程项目部
（现场机构名称及盖章）
签收人：×××（签名）
日　　　　期：××××年××月××日
</td></tr>
</table>

　　说明：本表一式×份，由监理机构填写。承包人签字后，发包人×份、设代机构×份、
　　　　　监理机构×份、承包人×份。

B.3.17 索赔审核表(JL17)

（1）"索赔审核表"填表说明

①监理机构应在合同约定的时间内对承包人提交的"索赔申请报告"进行处理，由总监理工程师签发"索赔审核表"。

②监理机构在收到承包人提交的"索赔申请报告"后，应进行以下工作：

a.依据施工合同约定，对索赔的有效性、合理性进行分析和评价。

b.对索赔支持性资料的真实性逐一分析和审核。

c.对索赔的计算依据、计算方法、计算过程、计算结果及其合理性逐项进行审查。

d.对于由施工合同双方共同责任造成的经济损失或工期延误，经双方协商一致后，公平合理地确定双方分担的比例。

e.必要时要求承包人提供进一步的支持性资料。

（2）"索赔审核表"例表

JL17

索赔审核表

（监理〔2018〕索赔审 001 号）

合同名称：××××输水工程　　　　　　　合同编号：××××-03

致××省××××工程建设管理处（发包人）：

　　根据有关规定和施工合同约定，承包人提出的索赔申请报告（承包〔2018〕赔报 001 号），索赔金额为（大写）<u>贰佰叁拾肆万叁仟伍佰元</u>（小写 <u>2343500.00</u> 元），索赔工期 <u>7</u> 天，经我方审核：

　　☐ 不同意此项索赔

　　☑ 同意此项索赔，核准索赔金额为（大写）<u>贰佰叁拾万元</u>（小写 <u>2300000.00</u> 元），工期顺延 <u>5</u> 天。

　　附件：索赔审核意见。

监 理 机 构：××××水利水电工程建设监理公司

××××输水工程项目监理部

（名称及盖章）

总监理工程师：×××（签名）

日　　　期：××××年××月××日

发包人：××省××××工程建设管理处

（名称及盖章）

负责人：×××（签名）

日　　期：××××年××月××日

　　说明：本表一式×份，由监理机构填写。发包人签署后，发包人×份、监理机构×份、承包人×份。

B.3.18　**索赔确认单**(JL18)

（1）"索赔确认单"填表说明

①监理机构发出"索赔审核表"后，应组织发包人和承包人就索赔费用进行协商。双方协商一致后，监理机构应填写"索赔确认单"。经三方签认，"索赔确认单"在办理结算时使用。

②如果发包人和承包人就索赔费用协商不一致，双方可按施工合同中争议条款的约定解决。

（2）"索赔确认单"例表

JL18

索赔确认单

（监理〔2018〕索赔确 001 号）

合同名称：××××输水工程   合同编号：××××-03

根据有关规定和施工合同约定，经友好协商，发包人、承包人同意23#阀门井村民阻工事件（承包〔2018〕赔报 001 号）的最终核定索赔金额为（大写）贰佰叁拾万元（小写 2300000.00 元），顺延工期 5 天。

发包人：××省×××工程建设管理处 （名称及盖章） 负责人：×××（签名） 日　　期：××××年××月××日	承 包 人：××省水利水电工程局 ×××工程项目部 （现场机构名称及盖章） 项目经理：×××（签名） 日　　期：××××年××月××日
监 理 机 构：×××水利水电工程建设监理公司 ×××输水工程项目监理部 （名称及盖章） 总监理工程师：×××（签名） 日　　期：××××年××月××日	

说明：本表一式×份，由监理机构填写。各方签字后，发包人×份、监理机构×份、承包人×份，办理结算时使用。

B.3.19　工程进度付款证书(JL19)

（1）"工程进度付款证书"填表说明

①在施工过程中,监理机构应审核承包人提出的工程进度付款申请,同意后签发"工程进度付款证书"。

②监理机构在收到承包人付款申请后,应在施工合同约定时间内完成审核。审核的主要内容如下：

a.付款申请表填写符合规定,证明材料齐全。

b.申请付款项目、范围、内容、方式符合施工合同约定。

c.质量检验签证齐备。

d.工程计量有效、准确。

e.付款单价及合价无误。

③承包人申请资料不全或不符合要求时,监理机构应在规定时间内指出问题并退回。由此造成付款证书签证延误,责任由承包人承担。未经监理机构签字确认,发包人不应支付任何工程款项。

（2）"工程进度付款证书"例表

JL19

工程进度付款证书

（监理〔2018〕进度付001号）

合同名称：××××输水工程   合同编号：××××-03

致××省××××工程建设管理处（发包人）：

致××省××××工程建设管理处（发包人）：

　　经审核承包人的工程进度付款申请单（承包〔2018〕进度付001号），本期应支付给承包人的工程价款金额共计（大写）捌佰叁拾柒万陆仟零肆拾捌元零柒分（小写：8376048.07元）。

　　根据施工合同约定，请贵方在收到此证书后的 14 天之内完成审批，将上述工程价款支付给承包人。

　　附件：1.工程进度付款审核汇总表。

　　　　　2.其他。

<blockquote>

监　理　机　构：××××水利水电工程建设监理公司

　　　　　　　　　××××输水工程项目监理部

（名称及盖章）

总监理工程师：×××（签名）

日　　　　期：××××年××月××日

</blockquote>

发包人审批意见：

<blockquote>

发包人：××省××××工程建设管理处

（名称及盖章）

负责人：×××（签名）

日　　　期：××××年××月××日

</blockquote>

说明：本证书一式×份，由监理机构填写。发包人审批后，发包人×份、监理机构×份、承包人×份，办理结算时使用。

工程进度付款审核汇总表

（监理〔2018〕付款审 001 号）

合同名称：××××输水工程　　　　　　　　　　合同编号：××××-03

项目		截至上期末累计完成额/元	本期承包人申请金额/元	本期监理人审核金额/元	截至本期末累计完成额/元	备注
应付款金额	合同分类分项项目	171610433.13	8471302.93	8471302.93	180081736.06	依据补充协议规定：工程进度付款由发包人拨付至审核进度款的70%，本期实际支付金额为8376048.07元
	合同措施项目	18870000.00	3494480.03	3494480.03	22364480.03	
	变更项目					
	计日工项目					
	索赔项目					
	小计	190480433.13	11965782.96	11965782.96	202446216.09	
	工程预付款					
	材料预付款					
	小计					
	价格调整					
	延期付款利息					
	小计					
	其他					
应付款金额合计		190480433.13	11965782.96	11965782.96	202446216.09	
扣除金额	工程预付款					
	材料预付款					
	小计					
	质量保证金					
	违约赔偿					
	其他（30%）	57144129.94	3589734.89	3589734.89	60733864.83	
扣除金额合计		57144129.94	3589734.89	3589734.89	60733864.83	
本期工程进度付款总金额		133336303.19	8376048.07	8376048.07	141712351.26	

本期工程进度付款总金额：捌佰叁拾柒万陆仟零肆拾捌元零柒分(小写:8376048.07 元)

监 理 机 构：××××水利水电工程建设监理公司
　　　　　　××××输水工程项目监理部
　　　　　　（名称及盖章）
总监理工程师：×××（签名）
日　　　　期：××××年××月××日

说明：本表一式×份，由监理机构填写。发包人×份、监理机构×份、承包人×份，作为月报及工程进度付款证书的附件。

B.3.20　合同解除付款核查报告(JL20)

（1）"合同解除付款核查报告"填表说明

①因承包人违约致使施工合同解除,监理机构应就合同解除前承包人应得到但未支付的下列工程价款和费用签发"合同解除付款核查报告"：

a.已实施的永久工程合同金额。

b.工程量清单中列有的、已实施的临时工程合同金额和计日工金额。

c.为合同项目施工合理采购制备材料、构配件、工程设备的费用。

d.承包人依据有关规定、约定应得到的其他费用。

②因发包人违约致使施工合同解除,监理机构应就合同解除前承包人所应得到但未支付的下列工程价款和费用签发"合同解除付款核查报告"：

a.已实施的永久工程合同金额。

b.工程量清单中列有的、已实施的临时工程合同金额和计日工金额。

c.为合同工程施工合理采购制备材料、构配件、工程设备的费用。

d.承包人退场费用。

e.由于解除施工合同给承包人造成的直接损失。

f.承包人依据有关规定、约定应得到的其他费用。

③因不可抗力致使施工合同解除,监理机构应根据施工合同约定,就承包人应得到但未支付的下列工程价款和费用签发"合同解除付款核查报告"：

a.已实施的永久工程合同金额。

b.工程量清单中列有的、已实施的临时工程合同金额和计日工金额。

c.为合同项目施工合理采购制备材料、构配件、工程设备的费用。

d.承包人依据有关规定、约定应得到的其他费用。

④监理机构按照施工合同约定,协助发包人及时办理施工合同解除后工程接收工作。

（2）"合同解除付款核查报告"例表

JL20

合同解除付款核查报告

（监理〔2021〕解付 001 号）

合同名称：××××输水工程　　　　　　　合同编号：××××-03

致××省××××工程建设管理处（发包人）：

　　根据施工合同约定，经核查，合同解除后承包人应获得工程付款总金额为（大写）柒佰捌拾伍万陆仟零壹元整（小写 7856001.00 元），已得到各项付款总金额为（大写）叁佰贰拾伍万伍仟贰佰捌拾壹元整（小写 3255281.00 元），现应 ☑ 支付/□ 退还的工程款金额为（大写）肆佰陆拾万零柒佰贰拾元整（小写 4600720.00 元）。

　　附件：1.合同解除相关文件。

　　　　　2.计算资料。

　　　　　3.证明文件（含承包人已收到各项付款的证明文件）。

监 理 机 构：××××水利水电工程建设监理公司

　　　　　　　××××输水工程项目监理部

（名称及盖章）

总监理工程师：×××（签名）

日　　　　期：××××年××月××日

发包人：××省××××工程建设管理处

（名称及盖章）

负责人：×××（签名）

日　　　期：××××年××月××日

说明：本证书一式×份，由监理机构填写。发包人×份、监理机构×份、承包人×份。

B.3.21　完工付款/最终结清证书(JL21)

（1）"完工付款/最终结清证书"填表说明

①监理机构应及时对承包人在收到工程完工证书后提交的完工付款申请及支持性资料进行审核，并签发完工付款证书，报发包人批准。审核内容包括：

a.到完工证书上注明的完工日期止，承包人按施工合同约定累计完成的工程金额。

b.承包人认为还应得到的其他金额。

c.发包人认为还应支付或扣除的其他金额。

②监理机构应及时对承包人在收到保修责任终止证书后提交的最终付款申请及结清单进行审核，并签发最终付款证书，报发包人批准。审核内容包括：

a.承包人按施工合同约定和经监理机构批准已完成的全部工程金额。

b.承包人认为还应得到的其他金额。

c.发包人认为还应支付或扣除的其他金额。

③此表单用于完工付款证书（或最终结清证书）时，应将最终结清证书（或完工付款证书）表头名称删除。

（2）"完工付款/最终结清证书"例表

JL21

完工付款/最终结清证书

（监理〔2021〕付结 001 号）

合同名称：××××输水工程　　　　　　　合同编号：××××-03

致××省××××工程建设管理处（发包人）：
经审核承包人的☑完工付款申请/□最终结清申请/□临时付款申请（博水〔2021〕付结 001 号），应支付给承包人的金额共计（大写）壹佰捌拾万叁仟肆佰捌拾壹元伍角陆分（小写 1803481.56 元）。 　　请贵方在收到☑完工付款证书/□最终结清证书/□临时付款证书后按合同约定完成审批，并将上述工程价款支付给承包人。 　　附件：1.完工付款/最终结清申请单。 　　　　　2.审核计算资料。   　　　　　　　　　　　监　理　机　构：××××水利水电工程建设监理公司 　　　　　　　　　　　　　　　　　　　××××输水工程项目监理部 　　　　　　　　　　　　　　　　　　　（名称及盖章） 　　　　　　　　　　　总监理工程师：×××（签名） 　　　　　　　　　　　日　　　　期：××××年××月××日
发包人审批意见：   　　　　　　　　　　　发包人：××省××××工程建设管理处 　　　　　　　　　　　　　　　（名称及盖章） 　　　　　　　　　　　负责人：×××（签名） 　　　　　　　　　　　日　　期：××××年××月××日

说明：本证书一式×份，由监理机构填写。发包人×份、监理机构×份、承包人×份。

B.3.22　质量保证金退还证书(JL22)

（1）"质量保证金退还证书"填表说明

当工程保修期满、"缺陷责任期终止证书"签发后，经承包人申请，监理机构应签发"质量保证金退还证书"。如果监理机构认为还有部分剩余缺陷工程需要处理，报发包人同意后，可在剩余的质量保证金退还证书中扣留与处理工作所需费用相应的保证金余款，直到工作全部完成后支付完全部保证金。

（2）"质量保证金退还证书"例表

JL22

质量保证金退还证书

（监理〔2021〕保退 001 号）

合同名称：××××输水工程　　　　　　　　　　　　合同编号：××××-03

致××省××××工程建设管理处（发包人）：

　　经审核承包人的质量保证金退还申请表（施工〔2021〕保退 001 号），本次应退还给承包人的质量保证金金额为（大写）贰拾壹万贰仟壹佰柒拾陆元整（小写 212176.00 元）。

　　请贵方在收到该质量保证金退还证书后按合同约定完成审批，并将上述质量保证金退还给承包人。

退还质量保证金已具备的条件	☑于 2020 年 9 月 10 日签发合同工程完工证书
	☑于 2021 年 9 月 9 日签发缺陷责任期终止证书

质量保证金退还金额	质量保证金总金额	贰拾壹万贰仟壹佰柒拾陆元整（小写：212176.00 元）
	已退还金额	零元（小写：0.00 元）
	尚应扣留的金额	零元（小写：0.00 元）
		扣留的原因：
		☐ 施工合同约定
		☐ 遗留问题
	本次应退还金额	贰拾壹万贰仟壹佰柒拾陆元整（小写：212176.00 元）

监 理 机 构：××××水利水电工程建设监理公司 　　　　　　　　　　　　××××输水工程项目监理部 　　　　　　　　　　　　（名称及盖章） 　　　　　　　总监理工程师：×××（签名） 　　　　　　　日　　　期：××××年××月××日

发包人审批意见：
发包人：××省××××工程建设管理处 　　　　　　　　　　　（名称及盖章） 　　　　　　　负责人：×××（签名） 　　　　　　　日　　　期：××××年××月××日

说明：本证书一式×份，由监理机构填写。监理机构、发包人签发后，发包人×份、监理机构×份、承包人×份。

B.3.23　施工图纸核查意见单(JL23)

（1）"施工图纸核查意见单"填表说明

①监理机构收到施工图纸后,应在施工合同约定的时间内完成核查工作,形成"施工图纸核查意见单",确认后签字、盖章。

②施工图纸的核查与签发应符合相关规定。监理机构无权修改施工图纸。

③监理机构核查施工图纸的内容主要包括：

a.施工图纸与招标图纸是否一致。

b.各类图纸之间、各专业图纸之间、平面图与剖面图之间、各剖面图之间有无矛盾,标注是否清楚、齐全,是否有误。

c.总平面布置图与施工图纸的位置、几何尺寸、标高等是否一致。

d.施工图纸与设计说明、技术要求是否一致。

e.其他涉及设计文件及施工图纸的问题。

（2）"施工图纸核查意见单"例表

JL23

施工图纸核查意见单

（监理〔2021〕图核 001 号）

合同名称：××××输水工程　　　　　　　　合同编号：××××-03

对以下施工图纸（共 6 张）核查意见：

序号	施工图纸名称	图号	核查人员	备注
1	×××支渠桩号 0+000～0+665 段平面布置图	TJZQPM-1/2～2/2	×××	
2	×××支渠桩号 0+000～0+665 段纵断面图	TJZQZD-01	×××	
3	×××支渠桩号 0+000～0+665 段横断面图	TJZQHD-1/2～2/2	×××	
4	×××支渠桩号 0+000～0+665 段衬砌设计图	TJZQHD-01	×××	
5				
6				
7				
8				

施工图纸核查意见：

1.×××支渠桩号 0+000～0+665 段平面布置图无误（核查监理人员签字）。

2.×××支渠桩号 0+000～0+665 段纵断面图无误（核查监理人员签字）。

3.×××支渠桩号 0+000～0+665 段横断面图无误（核查监理人员签字）。

4.×××支渠桩号 0+000～0+665 段衬砌设计图中，×××支渠道护坡压顶细部结构图现浇混凝土压顶厚度与设计说明不一致：现浇混凝土压顶细部结构图厚度标注为 6 cm，设计说明中厚度为 8 cm，需设计人员明确（核查监理人员签字）。

　　　　　　监　理　机　构：××××水利水电工程建设监理公司

　　　　　　　　　　　　××××输水工程项目监理部

　　　　　　　　　　　　（名称及盖章）

　　　　　　总监理工程师：×××（签名）

　　　　　　日　　　　期：××××年××月××日

说明：1.本表一式×份，由监理机构填写并存档。

　　　2.各图号可以是单张号、连续号或区间号。

B.3.24　施工图纸签发表(JL24)

（1）"施工图纸签发表"填表说明

总监理工程师签发"施工图纸签发表"，并将设计文件及图纸签发给承包人。

（2）"施工图纸签发表"例表

JL24

施工图纸签发表

（监理〔2021〕图发 001 号）

合同名称：××××输水工程　　　　　　　　　　合同编号：××××-03

致××省水利水电工程局××××工程项目部（承包人现场机构）： 本批签发下表所列施工图纸 6 张，其他设计文件 1 份。				
序号	施工图纸/其他设计文件名称	文图号	份数	备注
1	×××支渠桩号 0＋000～0＋665 段平面布置图	TJZQPM-1/2～2/2	2	
2	×××支渠桩号 0＋000～0＋665 段纵断面图	TJZQZD-01	1	
3	×××支渠桩号 0＋000～0＋665 段横断面图	TJZQHD-1/2～2/2	2	
4	×××支渠桩号 0＋000～0＋665 段衬砌设计图	TJZQHD-01	1	
5				
6				
7				
8				
监　理　机　构：××××水利水电工程建设监理公司 　　　　　　　　　　　　　××××输水工程项目监理部 　　　　　　　　　　　　　（名称及盖章） 　　　　　　总监理工程师：×××（签名） 　　　　　　日　　　期：××××年××月××日				
今已收到经监理机构签发的施工图纸 6 张，其他设计文件 1 份。 　　　　　　承包人：××省水利水电工程局 　　　　　　　　　　××××工程项目部 　　　　　　　　　　（现场机构名称及盖章） 　　　　　　签收人：×××（签名） 　　　　　　日　　　期：××××年××月××日				

说明：本表一式×份，由监理机构填写。发包人×份、设代机构×份、监理机构×份、
　　　承包人×份。

B.3.25　监理月报(JL25)

（1）"监理月报"填表说明

①监理机构应按监理合同中约定的报送时间,向发包人报送监理月报,同时应向监理单位报送。

②向发包人报送的监理月报,其内容及格式应按照《水利工程施工监理规范》(SL 288—2014)和发包人的要求进行编制。

（2）"监理月报"例表

JL25

监 理 月 报

（监理〔2021〕月报005号）

2021 年第 005 期

2021 年 4 月 26 日至 2021 年 5 月 25 日

工　程　名　称：××××输水工程

发　　包　　人：××省××××工程建设管理处

监　理　机　构：××××水利水电工程建设监理公司

　　　　　　　　××××输水工程项目监理部

总监理工程师：×××（手签）

日　　　　　期：××××年××月××日

目 录

合同完成额月统计表

（监理〔2021〕完成统 005 号）

标段	序号	项目编号	一级项目	合同金额/元	截至上月末累计完成额/元	截至上月末累计完成额比例	本月完成额/元	截至本月累计完成额/元	截至本月末累计完成额比例
××××输水工程施工 1 标	1	（一）	第一部分 建筑工程	41400828.59	15763548.32	38.1%	10391338.66	26154886.98	63.2%
	2	（二）	第二部分 机电设备及安装工程	5486241.62	2894872.53	52.8%	1685234.30	4580106.83	83.5%
	3	（三）	第三部分 金属结构及安装工程	1236504.74	578645.89	46.8%	336874.62	915520.51	74.0%
	4	（四）	第四部分 施工临时工程	100100.75	60060.45	60.0%	26040.30	86100.75	86.0%

监理机构：×××××水利水电工程建设监理公司
××××输水工程项目监理部
（名称及盖章）

总监理工程师/监理工程师：×××（签名）

日　　期：××××年××月××日

说明：1.本表一式三份，由监理机构填写。

2.本表中的项目编号是指合同工程量清单的项目编号。

工程质量评定月报表

（监理〔2021〕评定统 005 号）

序号	标段名称	单位工程				分部工程				单元工程				备注
		合同工程单位工程个数	本月评定个数	截至本月末累计评定个数	截至本月末累计评定比例	合同工程分部工程个数	本月评定个数	截至本月末累计评定个数	截至本月末累计评定比例	合同工程单元工程个数	本月评定个数	截至本月末累计评定个数	截至本月末累计评定比例	
1	××××输水工程施工1标	2	1	1	50%	21	6	10	47.6%	1853	185	420	22.7%	
2														
3														
4														
5														

监理机构：××××水利水电工程建设监理公司
××××输水工程项目监理部
（名称及盖章）

总监理工程师/监理工程师：××××（手签）
日　期：××××年××月××日

说明：本表一式×份，由监理机构填写。

工程质量平行检测试验月统计表

（监理〔2021〕平行统 005 号）

标段	序号	单位工程名称（编号）	工程部位	平行检测日期	平行检测内容	检测结果	检测机构
××××输水工程施工1标	1	×××渠系工程（××GXQ-DW01）	×××支矩形渠浇筑	2021年4月27日	C30混凝土抗压试块	合格	××省水利水电水利工程试验中心
	2						
	3						
	1						
	2						
	3						
	1						
	2						
	3						
	1						
	2						
	3						

监理机构：××××水利水电工程建设监理公司

××××输水工程项目监理部

（名称及盖章）

总监理工程师/监理工程师：×××（签名）

日　　　期：××××年××月××日

说明：本表一式×份，由监理机构填写。

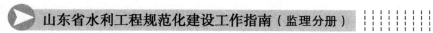

变更月统计表

（监理〔2021〕变更统 005 号）

标段	序号	变更项目名称（编号）	变更文件、图号	变更内容	价格变化	工期影响	实施情况	备注
××××输水工程施工1标	1	×××支渠护坡衬砌型式变更（HPBG-001）	设计变更通知BXGQ-06；监理〔2021〕变指002号；图号TJZQCQ-12	护坡衬砌型式由预制块护坡变更为同标号现浇混凝土护坡	每立方混凝土单价降低5.6元，共节省资金7.9万元	工期提前9天	已按照变更指示及变更实施方案施工，工程量完成30%	
	2							
	3							
	1							
	2							
	3							
	1							
	2							
	3							

监理机构：××××水利水电工程建设监理公司

××××输水工程项目监理部

（名称及盖章）

总监理工程师/监理工程师：×××（手签）

日　　期：××××年××月××日

说明：本表一式×份，由监理机构填写。

监理发文月统计表

（监理〔2021〕发文统 005 号）

标段	序号	文号	文件名称	发送单位	抄送单位	签发日期	备注
××××输水工程施工1标	1	监理〔2021〕月报 004 号	监理月报	××省×××工程建设管理处	—	2021年4月30日	
	2	监理〔2021〕纪要 021 号	监理例会会议纪要	××省水利水电工程局施工项目部	××省×××工程建设管理处	2021年5月7日	
	3	监理〔2021〕通知 019 号	监理通知	××省水利水电工程局施工项目部	××省×××工程建设管理处	2021年5月21日	
	1						
	2						
	3						
	1						
	2						
	3						
监理机构：××××水利水电工程建设监理公司 　　　　××××输水工程项目监理部 　　　　（名称及盖章） 总监理工程师/监理工程师：×××（手签） 日　　　　期：××××年××月××日							

说明：本表一式×份，由监理机构填写。

监理收文月统计表

（监理〔2021〕收文统 005 号）

标段	序号	文号	文件名称	发文单位	发文日期	收文日期	处理责任人	处理结果	备注
××××输水工程施工1标	1	承包〔2021〕回复019号	监理通知回复单	××省水利水电工程局施工项目部	2021年5月22日	2021年5月22日	×××	已审核签认	
	2	建管字〔2021〕012号	关于认真做好汛期安全生产工作的通知	××省××××工程建设管理处	2021年5月24日	2021年5月24日	×××	已传达落实	
	3								
	1								
	2								
	3								
	1								
	2								
	3								

监理机构：××××水利水电工程建设监理公司

　　　　　××××输水工程项目监理部

　　　　　（名称及盖章）

总监理工程师/监理工程师：×××（手签）

日　　　期：××××年××月××日

说明：本表一式×份，由监理机构填写。

B.3.26　旁站监理值班记录(JL26)

（1）"旁站监理值班记录"填表说明

①监理机构按照监理合同约定,在施工现场对工程项目的关键部位、关键工序的施工实施连续性的全过程检查、监督与管理。

②监理机构应严格开展旁站监理工作,特别注重对易引起渗漏、冻融、冲刷、汽蚀等工程部位的质量控制。

③旁站监理人员应对监督内容及过程进行记录,并填写"旁站监理值班记录"。

（2）"旁站监理值班记录"例表

JL26

旁站监理值班记录

（监理〔2021〕旁站 039 号）

合同名称：××××输水工程　　　　　　　　　合同编号：××××-03

工程部位	×××支渠生产桥2#桥柱		日期	2021 年 6 月 10 日	
时间	10:30—11:40	天气	晴	温度	22～26 ℃
人员情况	施工技术员：×××　　　　施工班组长：××× 质 检 员：×××				
	现场人员数量及分类人员数量				
	管理人员	1 人	技术人员	2 人	
	特种作业人员	1 人	普通作业人员	7 人	
	其他辅助人员	1 人	合计	12 人	
主要施工设备及运转情况	泵送车1辆、插入式振捣器2台、坍落度桶1个、含气量测定仪1台,设备运转正常。				
主要材料使用情况	采用 C30F150 商品混凝土,用量 12.6 m³。（若是承包人现场搅拌混凝土,还需要注明砂石料、水泥、外加剂使用量）				
施工过程描述	钢筋、模板、仓面检查验收合格。施工准备完成后签发"混凝土浇筑开仓报审表",同意开仓浇筑。C30F150 商品混凝土进场后,检测商品砼的坍落度和含气量,由泵送车输送至浇筑部位,分层浇筑,用插入式振捣棒振捣均匀,无漏振和过振现象,整个浇筑过程无间歇。混凝土浇筑完成后由专人进行养护。				
监理现场检查、检测情况	现场检测混凝土坍落度为 165 mm,含气量为 4.6%,符合规范要求。现场制取混凝土抗压试块1组,抗冻试块1组。				
承包人提出的问题	无。				
监理人答复或指示	要求承包人做好拆模及养护记录。				
当班监理员：×××（签名）　　　　　　施工技术员：×××（签名）					

说明:本表单独汇编成册。

B.3.27　监理巡视记录(JL27)

(1)"监理巡视记录"填表说明

①监理人员应经常对承包人的施工过程进行巡视。主要检查内容包括：

a.是否按照设计文件、施工规范和批准的施工方案施工。

b.施工现场管理人员尤其是质检人员是否到岗到位,特种操作人员是否持证上岗。

c.施工操作人员的技术水平、操作条件是否满足工艺操作要求。

d.使用的材料、构配件和工程设备是否合格。

e.施工环境是否对工程质量、安全产生不利影响。

f.已完成施工的部位是否存在质量缺陷。

②监理人员在巡视检查中发现的问题,应及时提出处理意见,要求承包人采取措施加以排除。巡视检查后,应填写"监理巡视记录"。

（2）"监理巡视记录"例表

JL27

<h1 style="text-align:center">监理巡视记录</h1>

（监理〔2021〕巡视 042 号）

合同名称：××××输水工程　　　　　　　　合同编号：××××-03

巡视范围	×××支渠施工现场
巡视情况	现场管理人员×××、技术人员×××、安全员×××等主要管理人员均在岗到位,施工人员 16 人。 　　K0＋050～K0＋080 渠底绑扎钢筋及支设模板,K1＋200～K1＋300 矩形渠侧墙绑扎钢筋,K2＋000～K2＋100 矩形渠侧墙拆除模板。
发现问题及处理意见	发现的问题:1.K0＋050～K0＋080 渠底钢筋绑扎间距不均匀,设计钢筋间距 200 mm,局部达 250 mm。 　　2.部分临时用电线缆拖地布设。 　　3.个别施工人员未佩戴安全帽。 　　处理意见:1.调整底板钢筋间距,使其满足设计和规范要求。 　　2.临时用电线路按照规范要求进行架空或地埋。 　　3.全部施工人员应佩戴安全帽,下一步项目部做好安全教育培训工作。
	巡视人:×××(签名) 日　　期:××××年××月××日

　　说明:1.本表可用于监理人员对工程质量、安全、进度等的巡视记录。

　　　　2.本表按月装订成册。

B.3.28　工程质量平行检测记录(JL28)

（1）"工程质量平行检测记录"填表说明

①在承包人对原材料、中间产品和工程质量自检的同时,监理机构应按照监理合同约定独立进行抽样检测,核验承包人的检测结果。平行检测费用由发包人承担。

②监理机构可采用现场测量方式进行平行检测。

③需要通过实验室进行检测的项目,监理机构应按照监理合同约定通知发包人委托具有相应资质的工程质量检测机构进行检测试验。

④平行检测的项目和数量（比例）应在监理合同中约定。其中,混凝土试样应不少于承包人检测数量的3%,重要部位每种标号的混凝土至少取样一组;土方试样应不少于承包人检测数量的5%,重要部位至少取样三组。施工过程中,监理机构可根据工程质量控制工作需要和工程质量状况等确定平行检测的频次。根据施工质量情况要增加平行检测项目、数量时,监理机构可向发包人提出建议。经发包人同意,增加的平行检测费用由发包人承担。

（2）"工程质量平行检测记录"例表

JL28

工程质量平行检测记录

（监理〔2021〕平行 001 号）

合同名称：××××输水工程 　　　　　　合同编号：××××-03

单位工程名称及编号				××× 渠系工程（BXYHGQ-DW01）								
承包人				××省水利水电工程局								
序号	检测项目	对应单元工程编号	取样部位		代表数量	组数	取样人	送样人	送样时间	检测机构	检测结果	检测报告编号
			桩号	高程								
1	C25混凝土立方体抗压强度	BXYHGQ-DW01-FB02-DY07	×××支渠K2+000	—	—	1	×××	×××	2021年6月7日	××省水利水电工程试验中心	26.7 MPa 合格	×××-HNT-2021-H-6523
2	土方压实度（设计为0.91）	BXYHGQ-DW02-FB04-DY10	×××支渠K5+200~K5+400	▽6.2 m	—	1	×××	×××	2021年6月10日	××省水利水电工程试验中心	0.92 合格	×××-TF-2021-T-1028

说明：委托单、平行检测送样台账、平行检测报告台账要相互对应。

B.3.29　工程质量跟踪检测记录(JL29)

(1)"工程质量跟踪检测记录"填表说明

①实施跟踪检测的监理人员应监督承包人的取样、送样以及试样的标记和记录,并与承包人送样人员共同在送样记录上签字。监理人员发现承包人在取样方法、取样代表性、试样包装或送样过程中存在错误时,应及时要求予以改正。

②跟踪检测项目和数量应在监理合同中约定。其中,混凝土试样应不少于承包人检测数量的7%,土方试样应不少于承包人检测数量的10%。施工过程中,监理机构可根据工程质量控制工作需要和工程质量状况等确定跟踪检测的频次,但应对所有见证取样进行跟踪。

（2）"工程质量跟踪检测记录"例表

JL29

工程质量跟踪检测记录

（监理〔2021〕跟踪001号）

合同名称：××××输水工程　　　　　　　　　合同编号：××××-03

单位工程名称及编号			×××渠系工程（BXYHGQ-DW01）										
承包人			××省水利水电工程局										
序号	检测项目	对应单元工程编号	取样部位		代表数量	组数	取样人	送样人	送样时间	检测机构	检测结果	检测报告编号	跟踪监理人员
			桩号	高程									
1	聚乙烯闭孔泡沫板	BXYHGQ-DW01-FB02-DY07	××支渠K2+000～K3+200	—	—	1	×××	×××	2021年6月7日	××工程质量检测有限公司	合格	×××-PMB-20210019	×××
2	橡胶止水带	BXYHGQ-DW02-FB04-DY10	×××支渠K2+200～K2+460	—	—	1	×××	×××	2021年6月10日	××工程质量检测有限公司	合格	×××-ZSD-20210047	×××

说明：本表按月装订成册。

B.3.30　见证取样跟踪记录(JL30)

（1）"见证取样跟踪记录"填表说明

①见证取样是指在监理单位监督下，由承包人有关人员现场取样，并送到发包人确定的具有相应资质的质量检测单位进行检验的过程。见证取样资料由承包人制备，记录应真实齐全。见证取样参与人员应在相关文件上签字。

②涉及工程结构安全的试块、试件及有关进场建筑材料，应保证100%见证取样：

a.用于主体工程的混凝土试块和砌筑砂浆试块。

b.用于结构工程中的主要受力钢筋及连接接头试件。

c.国标及地方标准、规范规定的其他见证检测项目。

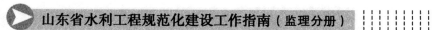

（2）"见证取样跟踪记录"例表

JL30

见证取样跟踪记录

（监理〔2021〕跟踪 001 号）

合同名称：××××输水工程　　　　　　　　　　　　合同编号：××××-03

单位工程名称及编号												

序号	检测项目	对应单元工程编号	取样部位		代表数量	组数	取样人	送样人	送样时间	检测机构	检测结果	检测报告编号	跟踪（见证）监理人员
			桩号	高程									
1	水工混凝土细骨料	BXYHGQ-DW01-FB03-DY12	—	—	600 t	1	×××	×××	2021年6月15日	××工程质量检测有限公司	合格	×××-SZ-20210718	×××
2	水工混凝土粗骨料	BXYHGQ-DW01-FB03-DY12	—	—	600 t	1	×××	×××	2021年6月15日	××工程质量检测有限公司	合格	×××-SS-2021-0694	×××
3	C25混凝土立方体抗压强度	BXYHGQ-DW01-FB04-DY08	××支渠K0+150	—	100 m³	1	×××	×××	2021年6月2日	××工程质量检测有限公司	26.6 MPa合格	×××-HNT-2021-H-1373	×××
4	土方压实度（设计为0.91）	BXYHGQ-DW02-FB03-DY11	××支渠K5+200～K5+400	▽7.4 m	150 m³	1	×××	×××	2021年6月5日	××工程质量检测有限公司	0.92合格	×××-HD-2021-1057	×××

说明：本表按月装订成册。

B.3.31　安全检查记录(JL31)

（1）"安全检查记录"填表说明

现场监理人员按照规定应对施工现场安全进行定期和不定期的安全巡视检查，根据检查情况填写"安全检查记录"，并将检查结果通过监理例会等形式向各参建单位通报。

（2）"安全检查记录"例表

JL31

安全检查记录

（监理〔2021〕安检 043 号）

合同名称：××××输水工程　　　　　　　　　合同编号：××××-03

日期	2021.6.10	检查人	×××		
时间	9:40—11:30	天气	晴	温度	27 ℃
检查部位	××支渠生产桥施工现场				
人员、设备、施工作业及环境和条件等	××支渠生产桥现浇桥面板正在进行钢筋绑扎安装，项目部管理人员1人、技术人员2人、施工人员5人；钢筋弯曲机、电焊机等设备运转正常，设备数量满足施工需求；现场防护措施到位，无扬尘，施工人员安全帽等佩戴齐全。				
危险品及危险源安全情况	无危险品，桥面高空作业安全防护到位。				
发现的安全隐患及消除隐患的监理指示	发现的安全隐患：临时用电配电箱未接地保护。消除隐患的监理指示：要求承包人严格按照"三级配电两级保护"用电要求，做到"一机、一箱、一闸、一漏"。				
承包人的安全措施及隐患消除情况（安全隐患未消除的，检查人必须上报）	施工人员全部佩戴安全帽，桥面两侧设有临时安全护栏，现场设置安全警示。承包人接到监理指示后立即暂停施工并落实整改，将配电箱有效接地，消除隐患，经监理人验收合格后复工。				
	检查人：×××（签名） 日　期：××××年××月××日				

说明：1.本表可用于监理人员安全检查的记录。

　　　2.本表单独汇编成册。

B.3.32　工程设备进场开箱验收单(JL32)

（1）"工程设备进场开箱验收单"填表说明

①工程设备进场后,应经发包人、监理机构、承包人和供货单位四方现场开箱进行设备的数量及外观检查。

②设备开箱验收内容:

a.查看设备、仪器外包装是否完好,有无损害或受潮的情况。

b.开箱后查看设备、仪器的型号、规格与订购单是否一致,有无损坏的情况。

c.应配的附件、专用工具是否齐全。清点易损件、备件及应配的附件、专用工具是否与清单一致。

d.技术资料(使用说明书、合格证、保修卡、设备图纸等)是否齐全,是否与装箱单一致。

（2）"工程设备进场开箱验收单"例表

JL32

工程设备进场开箱验收单

（监理〔2021〕设备003号）

合同名称：××××输水工程   合同编号：××××-03

××干渠节制闸闸门、启闭机设备于2021年3月28日到达××××输水工程施工现场，设备数量及开箱验收情况如下：

序号	名称	规格/型号	单位/数量	外包装情况（是否完好）	开箱后设备外观质量（有无磨损、撞击）	备品备件检查情况	设备合格证	产品检验证	产品说明书	备注	开箱日期
					检查						
1	手电两用固定双吊点螺杆启闭机	2*200 KN	套/1	外包装完好，设备无磨损、撞击。设备合格证、产品检验证、说明书均完整齐全。							2021年3月29日
2	平面铸铁闸门	5.1*5.1 m PGZ	套/1	设备无磨损、撞击。设备合格证、产品检验证、说明书均完整齐全。							2021年3月29日

备注：经发包人、监理机构、承包人和供货单位四方现场开箱进行设备的数量及外观检查，符合设备移交条件，自开箱验收之日起移交承包人保管。

承包人：××省水利水电工程局××工程项目部 代表：××× 日期：××××年××月××日	供货单位：××××××机械有限公司 代表：××× 日期：××××年××月××日	监理机构：××××水利水电工程建设监理公司××××输水工程项目监理部 代表：××× 日期：××××年××月××日	发包人：××省××××工程建设管理处 代表：××× 日期：××××年××月××日

说明：本表一式×份，由监理机构填写。发包人×份、监理机构×份、承包人×份、供货单位×份。

B.3.33　监理日记(JL33)

（1）"监理日记"填表说明

①现场监理人员应及时、准确完成监理日记，并做好归档工作。

②监理日记是参与现场监理的每位监理人员对施工现场的工作记录。

（2）"监理日记"例表

JL33

监 理 日 记

（监理〔2021〕日记152号）

合同名称：××××输水工程　　　　　　　　　　　合同编号：××××-03

天 气	晴	气温	19～26 ℃	风力	4级	风向	东南
施工部位、施工内容（包括隐蔽部位施工时的地质编录情况）、施工形象及资源投入情况	××支渠K3＋200～K3＋600渠道混凝土预制块衬砌护坡，施工人员安全措施到位，无违规作业情况；管理人员3人、技术人员4人、施工人员15人，人员到位情况良好；挖掘机一台、小型吊车一台、运输车一辆，设备运转正常，满足施工需要。						
承包人质量检验和安全作业情况	承包人对垫层铺设、混凝土预制块外观及尺寸、坡面平整度等进行了检查，满足设计和规范要求。 施工人员全部佩戴安全帽，安全防护措施到位，无违章作业。						
监理机构的检查巡视、检验情况	主要管理人员到位，机械设备满足施工需要。现场施工正常，防护设施、安全用品齐全，无违章作业；抽检混凝土预制块外观尺寸偏差－4～＋3 mm，符合规范要求，坡面平整度－7～＋4 mm在允许误差内，混凝土块铺筑平整、稳固；制取砂浆试块1组。						
施工作业存在的问题，现场监理人员提出的处理意见以及承包人对处理意见的落实情况	存在问题：已完成的预制块护坡勾缝，养护不到位。 处理意见：增加养护人员，及时覆盖洒水养护。 承包人对处理意见的落实情况：安排专人进行养护，确保养护工作及时到位。						
汇报事项和监理机构指示	下发关于加强预制块护坡砂浆勾缝养护工作的监理通知（监理〔2021〕通知13号）。						
其他事项	××市水利局××副局长一行到工地现场检查指导工作，××县水利局分管副局长××陪同。××副局长听取汇报后，强调要在保证安全和质量的情况下加快施工进度，按时完成节点目标。						
	监理人员：××× 日 期：××××年××月××日						

说明：本表由现场监理人员填写，按月装订成册。

B.3.34　监理日志(JL34)

（1）"监理日志"填表说明

①总监理工程师应指定专人负责填写项目的"监理日志"，并由总监理工程师授权的监理工程师签字。

②总监理工程师应定期审阅监理日志，针对监理日志记录中存在的问题及时提出改进建议，不断督促完善监理日志。

（2）"监理日志"例表

JL34

监 理 日 志

2021 年 4 月 1 日至 2021 年 4 月 30 日

合 同 名 称：××××输水工程

合 同 编 号：BXYHGQ-EPC2020

发 包 人：××省××××工程建设管理处

承 包 人：××省水利水电工程局

监 理 机 构：××××水利水电工程建设监理公司

××××输水工程项目监理部

监理工程师：×××（手签）

监 理 日 志

（监理〔2021〕日志 152 号）

填写人：×××（手签）

日 期：2021 年 4 月 16 日

天气	晴	气温	19～26 ℃	风力	4 级	风向	东南
施工部位、施工内容、施工形象及资源投入（人员、原材料、中间产品、工程设备和施工设备动态）	×××支渠 K3＋200～K3＋600 渠道混凝土预制块衬砌护坡；××干输水渠道 K6＋600～K7＋520 渠道清淤，纯化输水渠 K12＋360～K12＋670 右侧齿墙浇筑；管理及技术人员 8 人，模板工 24 人、混凝土工 18 人、特种机械操作工 5 人、普工 56 人；挖掘机 12 台、自卸车 8 台、装载机 6 台、插入式振捣棒 2 台，设备运转正常，满足施工需要，无违规操作情况。						
承包人质量检验和安全作业情况	承包人对×××支渠 K3＋200～K3＋600 垫层铺设、混凝土预制块外观及尺寸、坡面平整度等进行了检查；××干输水渠道 K6＋600～K7＋520 渠道清淤底高程为▽4.2 m，满足设计要求；纯化输水渠齿墙开挖基础面、模板支护、混凝土浇筑等符合规范要求，检测混土坍落度 160 mm、165 mm。施工人员全部佩戴安全帽，安全防护措施到位，无违章作业。						
监理机构的检查、巡视、检验情况	主要管理人员到位，机械设备满足施工需要。现场施工正常，防护设施、安全用品齐全，无违章作业；抽检×××支渠 K3＋200～K3＋600 混凝土预制块外观尺寸偏差－4～＋3 mm，符合规范要求，坡面平整度－7～＋4 mm 在允许误差内，混凝土块铺筑平整、稳固；联合测量××干输水渠道 K6＋600～K7＋520 渠道清淤底高程为▽4.2 m，满足设计要求；检查纯化输水渠齿墙基槽开挖基础面及模板安装支护情况，并对混凝土浇筑进行旁站监理，现场抽测混凝土坍落度为 165 mm，满足施工配合比的要求；制取砂浆试块 1 组，抗压试块 1 组。						
施工作业存在的问题、现场监理提出的处理意见以及承包人对处理意见的落实情况	存在问题：1.×××支渠 K3＋200～K3＋600 已完成的勾缝养护不到位。 2.纯化输水渠齿墙基面局部有积水。 处理意见：1.增加养护人员，及时覆盖洒水养护。 2.承包人将积水排净后，方可浇筑。 承包人落实情况：1.安排专人进行养护，确保养护工作及时到位。 2.现场已将积水引排处理。						
监理机构签发的意见	下发关于加强砂浆勾缝养护工作的监理通知（监理〔2021〕通知 13 号）						
其他事项	××市水利局××副局长一行到工地现场检查指导工作，××县水利局分管副局长××陪同。××副局长听取汇报后，强调要在保证安全和质量的情况下加快施工进度，按时完成节点目标。						

说明：1.本表由监理机构指定专人填写，按月装订成册。

2.本表栏内内容可另附页，并标注日期，与日志一并存档。

B.3.35　监理机构内部会签单(JL35)

（1）"监理机构内部会签单"填表说明

①"监理机构内部会签单"在监理机构作决定之前认为需要内部会签时使用。

②事由：指会签事项的主题。

③会签内容：指作决定需要明确的相关事项。

④依据、参考文件：指作决定依据的法律、法规、技术标准、设计文件、合同文件等。

（2）"监理机构内部会签单"例表

JL35

监理机构内部会签单

（监理〔2021〕内签 003 号）

合同名称：××××输水工程　　　　　　　　合同编号：××××-03

事由	承包人提出堤防填筑时,铺土超宽部分土方工程量应予计量		
会签内容	填筑土方量超出设计铺填边线 30 cm 部分是否应予计量		
依据、参考文件	《××××输水工程施工合同》（合同编号：BXYHGQ-EPC2020）、《水利工程工程量清单计价规范》（GB 50501—2007）、《堤防工程施工规范》（SL 260—2014）		
会签部门	部门意见	负责人签名	日期
工程组	不予计量	×××	2021 年 4 月 22 日
综合组	不予计量	×××	2021 年 4 月 22 日

会签意见：

　　依据招投标文件及施工合同第 12.5.6 条的约定,超出部分工程量视为已计入综合单价,发包人不再另行支付;《水利工程工程量清单计价规范》（GB 50501—2007）第A.3.2 条第 2 款规定:土石方填筑工程量计算按招标设计图示尺寸计算的填筑体有效压实方体积计量,施工过程中增加的超填量、施工附加量、填筑体及基础的沉陷损失、填筑操作损耗等所发生的费用应摊入有效工程量的工程单价中。根据《堤防工程施工规范》（SL 260—2014）第 8.2.2 条的要求,铺料至堤边时,应比设计边线超填出一定裕量:人工铺料宜为 10 cm,机械铺料宜为 30 cm。

　　综上所述,堤防填筑逐层铺土超宽 30 cm,属承包人为保证实体工程质量应采取的工艺操作要求。因此,监理部研究后决定,对堤防填筑铺土超宽工程量不予计量。

总监理工程师：×××

日　　　　期：××××年××月××日

说明:在监理机构作出决定之前需内部会签时,可用此表。

B.3.36　监理发文登记表(JL36)

（1)"监理发文登记表"填表说明

监理机构进场后,应建立收发文登记制度。监理人员应及时、准确地对监理机构的发文进行登记并妥善保存。

（2）"监理发文登记表"例表

JL36

监理发文登记表

（监理〔2021〕监发 005 号）

合同名称：×××× 输水工程　　　　　　　　　　　　　　　　　　合同编号：×××××-03

序号	文号	文件名称	发送单位	抄送单位	发文时间	收文时间	签收人
1	监理〔2021〕月报 003 号	监理月报	×× 省 ×××× 工程建设管理处	—	2021 年 4 月 1 日	2021 年 4 月 1 日	× × ×
2	监理〔2021〕纪要 009 号	会议纪要	×× 省水利水电工程局	×× 省 ×××× 工程建设管理处	2021 年 4 月 7 日	2021 年 4 月 7 日	× × ×
3	监理〔2021〕纪要 009 号	会议纪要	××× 设计有限公司	—	2021 年 4 月 7 日	2021 年 4 月 1 日	× × ×
4	监理〔2021〕通知 006 号	监理通知	×× 省水利水电工程局	×× 省 ×××× 工程建设管理处	2021 年 4 月 10 日	2021 年 4 月 10 日	× × ×
5	监理〔2021〕通知 007 号	监理通知	×× 省水利水电工程局	×× 省 ×××× 工程建设管理处	2021 年 4 月 21 日	2021 年 4 月 21 日	× × ×
6							
7							
8							

说明：本表应妥善保存。

B.3.37　监理收文登记表(JL37)

（1）"监理收文登记表"填表说明

监理机构进场后，应建立收发文登记制度。监理人员应及时、准确地对监理机构的收文进行登记并妥善保管。

（2）"监理收文登记表"例表

JL37

合同名称：×××× 输水工程

监理收文登记表

（监理〔2021〕监收 003 号）

合同编号：××××-03

序号	文号	文件名称	发件单位	发文时间	收文时间	签收人	处理记录			
							文号	回文时间	处理内容	文件处理责任人
1	建管字〔2021〕008号	加强疫情防控的通知	××省×××× ×工程建设管理处	2021年3月7日	2021年3月7日	×××	监理〔2021〕003号	2021年3月10日	已按要求组织监理部全体人员进行核酸检测并要求承包人全员核酸检测	×××
2	建管字〔2021〕009号	进一步加强环境保护的通知	××省×××× ×工程建设管理处	2021年3月20日	2021年3月20日	×××	监理〔2021〕009号	2021年3月21日	工地现场裸露土方已采用防尘网全部覆盖，施工道路安排洒水车洒水降尘	×××
3										
4										
5										
6										
7										

说明：本表应妥善保管。

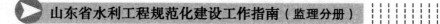

B.3.38　会议纪要(JL38)

（1）"会议纪要"填表说明

①监理机构应建立会议制度,包括第一次工地会议、监理例会和监理专题会议。会议由总监理工程师或其授权监理工程师主持。

②总监理工程师应组织编写由监理机构主持召开的会议的会议纪要,并分发与会各方。监理机构应根据会议决定的各项事宜,另行发布监理指示或履行相应文件程序。

③会议参加人员签名,可单独附页。

（2）"会议纪要"例表

JL38

会　议　纪　要

（监理〔2021〕纪要 001 号）

工程名称：××××输水工程　　　　　　　　　合同编号：××××-03

会议名称	第一次监理工地会议纪要		
会议主要议题	开工部署、进度安排		
会议时间	2020 年 10 月 15 日上午	会议地点	××××输水工程建设项目会议室
会议组织单位	××××水利水电工程建设监理公司 ××××输水工程项目监理部	主持人	×××
会议主要 内容及结论	（可附页） 　　　　监理机构：××××水利水电工程建设监理公司 　　　　　　　　××××输水工程项目监理部 　　　　　　　　（名称及盖章） 　　会议主持人：×××（手签） 　　日　　　期：××××年××月××日		
附件：会议签到表			

说明：1.本表由监理机构填写，会议主持人签字后送达参会各方。

　　　2.参会各方收到本会议纪要后，持不同意见者应于 3 日内书面回复监理机构；超过 3 日未书面回复意见的，视为同意本会议纪要。

B.3.39　监理机构联系单(JL39)

（1）"监理机构联系单"填表说明

①监理机构联系单：在施工过程中，监理机构与发包人、承包人联系时用表。

②事由：指需联系事项的主题及事项的详细说明，要求内容完整、准确。

（2）"监理机构联系单"例表

JL39

监理机构联系单

（监理〔2021〕联系 002 号）

合同名称:××××输水工程　　　　　　　　　　合同编号:××××-03

致××省××××工程建设管理处:

　　事由:××干渠节制闸闸门、启闭机设备于 2021 年 3 月 28 日上午运至工地现场,监理部拟组织于 2021 年 3 月 29 日上午进行四方联合到货开箱验收,请贵方派人到场参加。

　　附件:无。

监 理 机 构 :××××水利水电工程建设监理公司

××××输水工程项目监理部

（名称及盖章）

总监理工程师:×××（签名）

日　　　　期:××××年××月××日

被联系单位签收人:×××（签名）

日　　　　期:××××年××月××日

说明:本表用于监理机构与监理工作有关单位的联系,监理机构、被联系单位各 × 份。

B.3.40　监理机构备忘录(JL40)

（1）"监理机构备忘录"填表说明

本表用于监理机构认为施工合同当事人原因导致监理职责履行受阻，或参建各方经协商未达成一致意见时应作出的书面记录。

（2）"监理机构备忘录"例表

JL40

监理机构备忘录

（监理〔2021〕备忘 002 号）

合同名称：××××输水工程　　　　　　　　　合同编号：××××-03

致××省水利水电工程局××××工程项目部：

　　事由：2021 年 3 月 12 日上午，××省××××工程建设管理处×××、×××规划设计有限公司×××、××××水利水电工程建设监理公司×××、××省水利水电工程局×××对×××镇 4#泵房基础开挖重要隐蔽单元工程（××YHGQ-DW03-FB01-DY016）进行了联合验收。由于基础面局部有积水，且基坑底高程未达到设计标高，局部欠挖 12 cm，验收未通过。监理部要求承包人将基础面开挖至设计高程且积水全部排除，经监理初验合格后再向发包人汇报、组织设计等单位代表进行该重要隐蔽单元工程验收。

　　特此备忘记录。

　　附件：无。

　　　　　　　　　　监　理　机　构：××××水利水电工程建设监理公司

　　　　　　　　　　　　　　　　　　××××输水工程项目监理部

　　　　　　　　　　　　　　　　　　（名称及盖章）

　　　　　　　　　　总监理工程师：×××（签名）

　　　　　　　　　　日　　　　　期：××××年××月××日

说明：本表用于监理机构认为施工合同当事人原因导致监理职责履行受阻，或参建各方经协商未达成一致意见时应作出的书面记录。

附录 C 监理工作主要问题清单

近年来,水利部、山东省水利厅按照强监管的工作要求,对山东省重点水利工程建设项目开展了定期的、多批次的质量与安全监督巡查与稽察工作。通过梳理分析历次监督检查发现的问题,总结出监理单位在监理工作中的主要问题清单。

C.1 质量控制体系不合规

如未制定质量控制体系,无质量控制目标、措施,无质量控制体系文件、体系文件不全或不满足质量控制需要,质量管理制度不健全或不完善等。

C.2 派驻现场的监理人员数量、专业、资格不符合合同约定或不能满足工程建设需要

如监理单位未按监理合同约定组建监理机构,未按合同约定配备满足监理工作要求的监理人员,更换总监理工程师和其他主要监理人员不符合监理合同约定等。

C.3 监理机构主要人员驻工地时间不满足合同约定

如监理机构无考勤记录,总监理工程师、专业监理工程师等主要监理人员挂名、不履职,长期不在岗或同时在多个项目中任职等。

C.4 质量责任不明确

如监理机构岗位质量责任不明确,岗位责任制不落实;监理单位未与监理机构签订工程质量责任书,质量责任书中未明确质量责任、无具体奖罚规定或未执行、无可操作性等。

C.5 监理规划、监理实施细则编制不合规

如未编制监理规划或监理实施细则,监理规划或监理实施细则编制缺项、不完整或存在错误;监理规划依据不完整、错误,无监理实施细则编制计划,未经监理单位的技术负责人批准;未编制专业工作、专业工程监理实施细则;监

理实施细则针对性和可操作性较差,依据不完整、错误,无质量控制要点、控制措施,未履行审批程序或无审批手续;总监理工程师未履行主持编制监理规划、审批监理实施细则职责等。

C.6 工程施工准备期工作不合规

如未协调发包人、设计单位及时提供施工图纸,未按监理规范要求对施工图纸进行审签;未按规定执行设计变更管理程序,履行审批程序或审批程序不全即同意施工或结算;同意或默认承包人在无正式施工图纸或施工图不满足开工条件的情况下开工;未协助发包人组织或按发包人授权召开设计交底会议;设计交底会议未作记录或记录内容不全;对承包人质量保证体系、开工准备(如人员设备进场、工器具准备等)、施工组织设计、施工技术方案、作业指导书等技术文件未进行检查、审批或检查、审批工作不严,未作记录,对存在问题未督促落实整改;未按规定对承包人的测量方案、成果进行批准和实地复核;混凝土、浆砌石等项目施工器具不满足相关规定即允许开仓或默认开仓等。

C.7 施工过程控制不合规

如对不具备开工条件的分部工程批准或默认开工,对批复的施工方案实施监督不到位;未监督承包人定期对施工控制网进行复核;未对承包人地质复勘和土料场复勘等工作进行监督检查或监督检查不到位;监理例会次数不满足监理规划或例会制度要求,例会记录内容不完善;对承包人主要管理人员考勤不严,无考勤记录等。

C.8 对承包人进场使用的原材料、中间产品、构配件、设备质量控制不合规

如对承包人进场使用的原材料、中间产品未履行审批手续或审批工作存在不足;未按规定对承包人的原材料、中间产品及产品质量检测工作进行监督检查或监督检查不到位,签证未经检验或检验不合格的建筑材料、建筑构配件和设备;批准或默认承包人使用错误的混凝土(砂浆)配合比或配料单,未按规定对混凝土拌和质量进行监督检查等。

C.9　平行检测、跟踪检测工作不符合规范要求

如委托不具备资质的试验检测单位进行检测；未开展平行检测、跟踪检测工作或未按规范规定的项目和频次对进场原材料、中间产品及成品进行平行检测和跟踪检测；未按规定对平行检测中不合格的材料和中间产品提出处理建议或处理措施不当等。

C.10　重要隐蔽（关键部位）单元工程、工序质量控制不合规

如工作期间履职不到位，擅离职守或脱岗；未按合同和规范规定对重要隐蔽（关键部位）单元工程、重要部位、主要工序施工过程进行旁站监理，无旁站记录、编造旁站记录或记录不完整；未按规程规范要求组织重要隐蔽（关键部位）单元工程（或设备安装主要单元工程）质量验收，未验收即允许或默认下道工序施工；重要隐蔽（关键部位）单元工程质量等级签证无地质编录等备查资料，相关人员未签字确认或签认有误，未及时报送发包人等。

C.11　单元（工序）工程质量管控不合规

如单元（工序）工程未经检验合格即允许或默认下道工序施工；对承包人"三检制"执行情况和存在问题检查不到位；未对承包人的质量评定资料进行复核或复核不认真，质量评定表签认存在明显错误等。

C.12　质量问题管控不合规

如不能及时发现明显的质量问题，对发现的质量问题未及时下发监理指令，未督促承包人及时处理或落实整改；对施工（安装）单位下发质量改进指令，但事后无检查或有检查无记录；出现质量问题未及时召开质量专题会议或议定的事项未落实等。

C.13　施工质量保证资料管理不合规

如应由总监理工程师签字的文件由他人代签；工程质量评定资料弄虚作假或监理单位签字不全；对承包人申报文件、资料审查不严或监理单位审批意见填写不准确、审批人员资格不符合规定等。

C.14 金属结构、设备监造监理工作不合规

如未按合同约定进行驻厂监造或无监造资料;未对金属结构件和设备的安装、调试、试运转等过程进行检查;未进行出厂验收,出厂验收资料不全,无验收大纲,无验收遗留问题处理资料;未组织水工金属结构、启闭机及机电产品、永久设备进场交货检查和验收,无验收记录或记录不全等。

C.15 质量缺陷管理不合规

如未制定或明确工程质量缺陷管理制度;未按规定组织填写施工质量缺陷表;未按规定对承包人制定的工程质量缺陷处理方案进行审查;未对质量缺陷的处理实施情况进行监督、检验及验收,检验和验收无记录或记录不全;未将检查、处理和验收情况上报发包人等。

C.16 质量问题整改落实不合规

如未落实质量督查、巡查、检查、稽察等提出的整改意见或整改落实不到位;未督促承包人对发包人等单位提出的质量问题进行整改或整改不到位;以未同意施工等为由推诿检查发现的问题,逃避监理责任等。

C.17 工程验收管控不合规

如未审查承包人提交的验收申请报告等验收资料或审查无记录,施工验收阶段规程、规范使用不当等。

C.18 监理档案资料管控不合规

如监理日志、监理月报等填写不规范、不完整或填写内容不能反映工程实际情况,相关资料涉嫌造假;监理工程师、总监理工程师巡视未作记录或记录不全;未安排专人负责信息管理,未制定监理收发文管理办法,文档管理混乱;对承包人工程档案资料整理整编工作检查监督不到位;监理用表格式不规范,出现填写错误等。

C.19 安全生产目标管控不合规

如未根据项目安全生产总体目标和年度目标制定所承担项目的安全生产

总体目标和年度目标，或制定的安全生产目标内容不全面；未制订安全生产目标管理计划，目标未分解或未全面签订安全责任书；未制订安全生产目标考核办法，或未按规定对本单位安全生产目标的完成情况进行自查、考核等。

C.20　安全生产控制体系不合规

如未建立安全生产管理机构，未按要求配备专职安全监理人员或专职安全监理人员不具备相应的管理知识、技能；未建立或健全安全生产规章制度，规章制度不符合相关法律法规、规范标准的要求或与项目现场安全管理工作不符；未建立项目安全责任制，未建立或未落实安全生产责任制落实情况的监督考核机制，未明确总监理工程师、各职能部门（或岗位）的责任范围和考核标准等。

C.21　安全技术工作不合规

如未编制危险性较大的单项工程监理规划和实施细则，或监理规划和实施细则有关内容不完善，缺少安全监理相关内容；未参加超过一定规模的危险性较大的单项工程专项施工方案审查论证会；未组织或参与安全防护设施、设施设备、危险性较大的单项工程验收，未对重大危险源防控措施进行验收；未协助发包人编制安全生产措施方案；监理例会未涉及安全生产内容；未制定生产安全事故应急救援预案等。

C.22　对承包人安全技术管控不合规

如未对承包人的安全生产目标管理计划、安全生产许可证、三类人员及特种设备作业人员资格证书的有效性、施工设备及其合格性证明材料进行审核；未按规定审查承包人施工组织设计中的安全技术措施、现场临时施工用电方案及专项施工方案、度汛方案、灾害应急预案、安全生产档案资料；未督促承包人对作业人员进行技术、安全交底等。

C.23　施工过程安全控制不合规

如未核查施工现场施工起重机械（塔吊）、整体提升脚手架和模板等自升式架设设施和安全设施的验收手续及相关手续与现场情况的符合性；未定期或不定期巡视检查施工过程中危险性较大工程的施工作业情况及用电安全、消防措施、危险品管理和场内交通管理等情况,或巡查结果与现场情况不符;专项施工方案实施时未进行旁站监督或无旁站记录,对现场未按专项施工方案施工等违规行为不制止、不报告;未检查施工现场各项安全防护措施是否符合水利工程建设标准强制性条文及相关规定的要求,未检查承包人安全防护用品的配备情况;对监理过程中发现的生产安全事故隐患未按规定要求整改,情况严重时未要求暂时停工等。

C.24　安全生产培训不合规

如未对从业人员(项目监理工作人员)进行安全生产教育和培训,参加教育培训人员不全或培训时间未达到规范要求等。

C.25　安全生产费用、保险管控不合规

如未对承包人落实安全生产费用情况进行监理(检查),未在监理月报中反映安全生产费用使用情况;未按照国家有关规定为工程现场监理人员购买人身意外保险及其他有关险种等。

附录 D 监理常用表格模板

单元工程监理平行检测记录表

（监理〔 〕平检   号）

合同名称：　　　　　　　　　　　　　　　合同编号：

单位工程名称		单元工程量	
分部工程名称		施工单位	
单元工程名称、部位		施工日期	年　月　日至　年　月　日
检验项目			
检测数据		年　月　日	年　月　日
检验项目			
检测数据		年　月　日	年　月　日
检验项目			
检测数据		年　月　日	年　月　日

监理工程师：　　　　　　　　　　　　　　记录人：

注：记录内容不可打印，只能书写，字迹要清晰、工整。

设备出厂签证单

（监理设监〔　〕第　号）

合同名称：　　　　　　　　　　　　　　　　合同编号：

设备名称		设备编号	
设备型号		设备规格	
监理地点		签证时间	
设备制造合同履行情况：			
设备制造质量结论：			
设备质量保证期：			
监理机构：　　　　　　　　　　总监理工程师： 　　　　　　　　　　　　　　日期：　　年　　月　　日			

水利工程建设标准强制性条文检查记录表

（×××工程　　年度强条检查用表）

标段名称：

检查日期：　年　月　日

序号	规范名称及文号	条文号	条文内容	检查结果	不符合项处理措施	整改落实情况